书山有路勤为径，优质资源伴你行

注册世纪波学院会员，享精品图书增值服务

思维导图速学·精进书系

思维导图实用入门

学习·工作·生活整理术

陈星云·著

电子工业出版社·
Publishing House of Electronics Industry
北京·BEIJING

图书在版编目（CIP）数据

思维导图实用入门：学习·工作·生活整理术 / 陈星云著 . —北京：电子工业出版社，2022.9
（思维导图速学 . 精进书系）
ISBN 978-7-121-44251-3

Ⅰ . ①思⋯　Ⅱ . ①陈⋯　Ⅲ . ①思维训练 – 通俗读物　Ⅳ . ① B80-49

中国版本图书馆 CIP 数据核字（2022）第 160019 号

责任编辑：吴亚芬　　特约编辑：王　璐
印　　刷：天津千鹤文化传播有限公司
装　　订：天津千鹤文化传播有限公司
出版发行：电子工业出版社
　　　　　北京市海淀区万寿路 173 信箱　　邮编：100036
开　　本：720×1000　1/16　印张：12.75　　字数：213 千字
版　　次：2022 年 9 月第 1 版
印　　次：2022 年 9 月第 1 次印刷
定　　价：99.00 元

　　凡所购买电子工业出版社图书有缺损问题，请向购买书店调换。若书店售缺，请与本社发行部联系，联系及邮购电话：（010）88254888，
88258888。

　　质量投诉请发邮件至 zlts@phei.com.cn，盗版侵权举报请发邮件至 dbqq@phei.com.cn。

　　本书咨询联系方式：（010）88254199，sjb@phei.com.cn。

2003 年，我把思维导图引进中国。从思维导图的学习者到思维导图的推广者，再到思维导图的探索者，不知不觉已经快 20 年了。作为有着将近 20 年从业经历的思维导图探索者，我觉得思维导图是一把可以打开世界奥秘、解决学习和工作问题的"金钥匙"。

思维导图在人们的工作、学习和生活中无处不在。在日常学习、交谈、思考的过程中，人们的大脑会有一张或多张思维导图在运作着。思维导图能帮助人们发现一些不易觉察或不自知的问题，帮助人们更准确地找到事物发展的方向，让人们的思想看得见、摸得着，让人们的思考更清晰和富有逻辑。

思维导图的适用性是非常广泛的，它可以用在不同的领域、行业和场景，将人们的思维不断延伸。思维导图不但是一种思维工具，更是一种培养良好思维习惯的载体。如果你能坚持运用思维导图所倡导的思维方法来思考和解决问题，长期不断地锻炼你的大脑，你就能形成自己独有的思维方式，并逐步形成一种习惯，最后使之成为你的一种思维模式。

星云在思维导图领域的学习探索已有 15 年之久，他对思维导图十几年如一日的执着和坚持使他取得今天的成果。希望他的这本书能对广大思维导图学习者有所启发。

董海韬

中国大脑先生

　　思维导图作为发散状思维工具，因其模仿了大脑的创新过程，所以可以迅速地催生创意。它可以有效地培养人们的思维能力，尤其是创造力、想象力、记忆力和决策力。创新包含内容创新和思维创新两种模式。创新思维的内容需要系统化地考虑，创新的思维模式也会在思维导图这个工具的影响下，系统化地展开。

　　在思维导图的研究和应用方面，很多企业都利用思维导图来激发员工的创新意识、创新能力和问题解决能力。思维导图在构建科学思维、培养学生理解能力、优化教学方法、创新教学模式，以及改善认知结构、提升学习成效等方面，都起到了一定的积极作用。在中国，已经有大批的教育工作者对思维导图在优化教育教学方面的作用进行了更加深入的探究和实践，部分高校教师已经着手研究思维导图在创新领域的作用。但是，思维导图在大学生创新创业项目方面的研究还比较薄弱，相关研究和实践还有待推进。

　　2015年5月，《国务院办公厅关于深化高等学校创新创业教育改革的实施意见》等文件相继出台，要求将创新创业教育贯穿人才培养全过程，培养学生的创新精神、创业意识和创新创业能力。本人作为高校创新创业教师，这些年一直指导学生开展创新创业实践，并取得了一定的成果。我发现，大学生的创新创业项目具有很鲜明的特点：不仅可以调动学生们学习的积极性、主动性和创造性，还给大学生提供了参与社会实践、接触一些新项目的实验、参与科研训练的机会，有助于提高学生们的社会实践能力和创新能力。思维导图作为一种创新教学方法，可以提高学习者的学习效率；作为一种项目管理方法，可以使项目的运行更加完善。对大学生创新创业项目而言，思维导图可以多维度运用到项目设计和实施的各个环节，根据项目实际情况发挥效能。

陈星云老师的这本书可以帮助大家从零基础的"小白"快速升级成为思维导图践行者。这本书结构清晰，条理清楚，从学习、工作、生活的各个方面，结合多年的实际案例应用分析，搭配色彩鲜明的思维导图，帮助大家更好地理解和运用思维导图。书中干货满满，期待这本书能成为大家生活中的"良师益友"。

蒙志明

广西师范大学创新创业学院院长

中国创新创业创造论坛 50 人

在当今这个高速发展的社会，每个人都在追求效率，而一张好的思维导图可以快速引导你的思维，让你才思泉涌，快速、高效地思考和解决问题。可以说，思维导图可以应用于你学习、工作、生活和创新的许多方面。

思维导图应用于学习

使用思维导图做学习笔记有助于你提高学习效率、整理思路、加强记忆、巩固复习，并加强对图书、讲座和报告的记忆和理解。思维导图能够帮助你将自己的想法与学习对象中包含的想法联系起来。当然，除了学习笔记，你还可以使用思维导图来提高写作和阅读技能。对教师来说，思维导图可以应用于教学。这种新的教学方法有利于去除冗余信息，从而更好地展示课程要点，帮助学生集中注意力。

思维导图应用于工作

对专业人士来说，思维导图不仅能提高工作效率，还能提供一个整体的视角，有助于对工作进行更深层次的反思。在工作场所，你可以使用思维导图来做好工作计划、时间管理、商务演讲、商务谈判、项目管理、会议安排、解决问题、头脑风暴和开发创意等工作。思维导图可以构建多层级的任务，添加注释，并在任务之间建立联系，这不仅有助于提高逻辑思维能力，还可以避免思路混淆。

思维导图应用于生活

在生活中，当你进行人际沟通、购物选择、旅行计划和时间安排时，如果缺乏有效的统筹管理，就会遇到各种问题。思维导图可以帮助你更全面地考虑问题，进入高效的聚焦模式，对问题逐个击破，从而提高思考效率，迅速厘清思路，做出恰当的决定和详细的计划。

思维导图应用于创新

思维导图就像人的大脑神经元细胞，都是由一个中心点出发，向外延伸出无数分支的。总而言之，大脑的结构与工作原理和思维导图有一定的相似性。思维导图具有放射性结构，图中的每个分支都可以作为新的中心点来创建更多的分支，从而不仅让人们避免"一条道走到黑"的传统惯性思维方式，而且可以激活大脑的发散和灵活思维，使人们拥有很强的记忆力和创造性思维。希望这本书能帮助你打开大脑创新之门。

黄勇

MindMaster 创始人

　　思维导图可以很好地指导人们学习、工作和生活。在绘制思维导图的过程中，它可以清晰地呈现思维的线路和层次。在人们思考的过程中，它能够帮助你把学过的知识源源不断地激发疏导出来，使得你的思维可以无限地延展。

　　通过思维导图，你会发现原来人类的思想和心智是可视化的、可不断成长的、可自我调整的。学会思维导图，不仅可以让你掌握一种学习和工作的工具，更能让你找到一个实现自我提升的方法，从而让你具备更高的思考和决策能力。

　　通过学习这本书中介绍的方法，你可以训练自己的思维能力和认知边界，让自己的思维看得见、摸得着，更快、更科学地思考、记忆，养成高效的思维习惯。

梅艳艳

国际思维导图巡展策展人

全国创新思维百城千校公益项目发起人

中国智慧工程研究院教育发展创新专委会副理事长

前 言

近年来，思维导图在中国的教育领域不断掀起波澜，国内一、二线城市的大部分中小学都引进了思维导图，并将其作为教师工作和学生学习的重要工具；很多国内企业也把思维导图列为企业培训和商务管理的必修科目。随着互联网的迅速发展和读图时代的到来，思维导图具有更强烈的时代感和现实意义。

图的使用，使人们能大量、快速地汲取信息，但同时，它的"魅影"也遮蔽了人们对本真世界的深度认知。人们普遍认为，语言关乎逻辑，文字关乎语言，而图画则关乎意义，对图的过度推崇会削弱对语言文字的观照，进而削弱逻辑思维能力，因此，人们对"读书"还是"读图"的争论一直没有停止过。思维导图不仅作为一种教学和认知的手段而存在，更重要的是作为一种知识和技能，以崭新的方式和面貌存在着。它衍生于人们对文本、思维想象的形象解读，又反过来影响人们对文本、思维想象的再认识，弥补了文与图各自在表达上的不足，使阅读成为一种富有创造性的思维活动，打破了"书"与"图"的对立关系，并将两者统一融合于一图之中，体现了语言、文字、图像三者之间密切的关联。思维导图的出现证明了"读图"不是人类逻辑思维的倒退，而是对人类逻辑思维的有力补充。有效地利用图形，可以深化、系统化人类知识，使人类不断创新，推动社会前进。

近年来，随着越来越多的人对思维导图的认识和掌握，这一工具被广泛应用于生活和工作的各个方面，包括学习、阅读、沟通、演讲、管理、会议等。思维导图之所以受到各行业的推崇，是因为它能给人们带来学习能力的提升和思维方式的转变，能改善人们的诸多行为表现。但是，很多初学者虽然知道思维导图的诸多好处，却很难将思维导图的作用真正发挥出来，或者觉得思维导图并没有那么神奇。那么，初学者怎样才能把思维导图学好，并将其有效地运用到工作、学习和生活中呢？希望本书能给大家带来一些启发。

本书最终能顺利出版，要感谢我的思维导图启蒙老师"中国大脑先生"董海韬先生，是他把思维导图引进中国，并引领我走进思维导图的殿堂。感谢杨文敏（深圳爱爱宝教育集团董事长）、陈宣群、吴亚芬、何建平、曾洪雷、克里斯·格里菲斯（OpenGenius 公司）、连瑞庭、黄勇（MindMaster 创始人）等。在我学习探索思维导图的十多年里，他们从各个方面给予了我很大的鼓励和帮助，在此对他们表示衷心的感谢。另外，还特别感谢刘林英在策划本书时的付出，在她身上，我能看到自己刚开始学习思维导图时的那份纯粹与执着。感谢我的家人和海贝思维、派思维团队的同事们对我思维导图事业的陪伴与支持。

为了回馈在我的自媒体平台持续关注我的粉丝和更多想学习思维导图的读者，我非常愿意到企业、学校等团体单位给更多的思维导图学习者开展思维导图讲座。读者朋友如有意向，可以通过邮箱 cxy356@163.com 或微信号 paimind 联系我。

陈星云

目 录

第一章

认识思维导图

第一节 思维导图简介

一、思维导图的起源

思维导图（Mind Map）是 20 世纪 60 年代初由英国学者东尼·博赞（Tony Buzan）首创的，如图 1-1 所示。东尼·博赞基于对心理学、大脑神经生理科学、语义学、神经语言学、信息理论、记忆和助记法、感知理论、创造性思维等各类学科的研究，通过类比自然万物的放射性特征，分析伟大思想家、科学家的笔记和普通科学的资料，以及训练"学习障碍者"的长期实践，逐渐形成了关于放射性思维及其图形表达的研究成果。1971 年，这些成果被结集成书，广泛地应用于教育学习、商业决策等领域。

图 1-1　思维导图简介

经过几十年的发展，思维导图在商务职场领域也获得了广泛应用：哈佛大学、牛津大学、新加坡国立大学等世界一流大学都在教授此种学习方法；微软、波音、迪士尼、IBM、甲骨文、英国航空、通用电气等世界著名企业都将其作为员工必修项目；比尔·盖茨根据思维导图的思想开发了 Windows 操作系统，从而创造了"微软帝国"。

近年来，我国小学、初中、高中各类考试中也频频出现了应用思维导图的试题类型，新加坡教育部更是将思维导图列为小学必修科目，引领教师掌握这一工具，以帮助学生利用思维导图整合新旧知识，构建知识网络，浓缩知识结构，从而使学生从整体上掌握知识，提高学生的自主学习能力、思维能力和自我反思能力。

二、什么是思维导图

思维导图是一种将发散性思考具体化的方法。

发散性思考是人类大脑的自然思考方式，进入人类大脑的每种资料，无论是感觉、记忆还是想法——包括文字、数字、符号、食物、香气、线条、颜色、意象、节奏、音符，都可以成为一个思考中心，并由中心向外发散出成千上万个关节点，每个关节点都代表与中心主题的一个连接，而每个连接又可以成为另一个中心主题，再向外发散出成千上万个关节点，呈现出发散性立体结构。而这些关节点的连接可以视为记忆节点，通过这些记忆节点的连接，在人类大脑中形成专属的信息数据库。

思维导图体现在对信息的整合和连接上，让人们能够更加全面地厘清这些信息之间的关系。为什么呢？因为你在画思维导图时，其实也是在梳理知识点之间的关系。在这个过程中，你会思考这些知识点到底属于哪个层级，它们之间有何关联，哪些知识点之间发生了重叠，整个过程就是一个把知识系统化的过程。这些知识点在整理前是一堆杂乱的信息，通过画思维导图进行整理，相互之间就有了结构和层级。图文并茂的思维导图如图 1-2 所示。

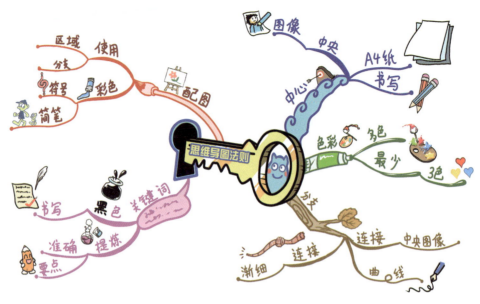

图 1-2　图文并茂的思维导图

第二节　思维导图的种类

思维导图的种类有很多。从绘制方法上分，有手绘的思维导图和软件制作的思维导图。对初学者来说，思维导图大致分为两种：全图版思维导图和图文版思维导图，如图 1-3 所示。全图版思维导图，就是在绘制思维导图的过程中不使用任何文字，所有的信息内容都使用图像来展现；图文版思维导图，就是在绘制思维导图的过程中图文结合，使信息内容的逻辑结构更清晰。图文版思维导图是最常见的，也是最常用的。

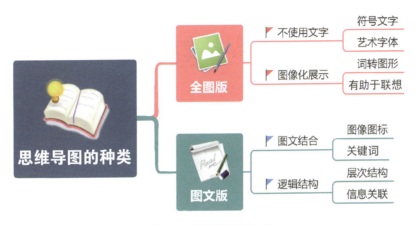

图 1-3　思维导图的种类

一、全图版思维导图

很多关于记忆的课程和书籍都会提到图形和图像。由于人类大脑对图像更加敏感，因此思维导图比文字更便于联想。另外，对人类大脑来说，图像更能激发想象。人们通过眼睛看到图像，把图像传达到大脑中，大脑就会对图像进行加工，这个加工的过程就是大脑的想象过程。

全图版思维导图，顾名思义，就是思维导图中不会出现任何文字，不管是中心图还是一级分支、二级分支，都以图像元素为主。作为初学者，要绘制全图版思维导图，需要具备一定的绘画基础，此外还要具备把文字转换成图像的能力，也就是当大脑中出现一个词时，有足够的创造力把这个词转换成图像并且绘制出来。这种基本的文图转换，是初学者必须掌握的一项技巧。

全图版思维导图的使用场景较多，如图 1-4 所示的人物介绍思维导图基本没有使用文字。

图 1-4　人物介绍思维导图

　　如果想让自我介绍变得更加有趣，受到更多人的关注，不妨尝试采用全图版思维导图。例如，关于自我介绍的中心图，可以根据名字的谐音、特性，绘制出一张别出心裁的图形，让别人更加直观、深刻地记住你。另外，由于自我介绍中不会出现任何文字，可以引发别人对你使用的图像进行联想，生发出更大的想象空间。

　　全图版思维导图除了可以帮助你更好地想象，还可以帮助你更加直观地记忆。目前，全图版思维导图更多地应用在背诵古诗词上，通过图形把古诗词的场景绘制出来，然后把这些场景串联起来，从而达到很好的记忆效果。

二、图文版思维导图

图文版思维导图是最常用、最常见的一种思维导图，如图 1-5 所示。通过图文结合，把一张思维导图所要表现的信息内容、逻辑结构、想法创意全方位地展示出来。通过中心图突出主题；通过分支上的关键词展现出整张思维导图的内容结构；通过提炼、优化分支上的关键词，精准地呈现中心思想；用一些小图标进行标注，可以突出思维导图的重点内容。

图 1-5　图文版思维导图

在日常工作、生活中，要想很好地学习、使用图文版思维导图，首先要学会提炼分支上的关键词，这要求绘制者除了具备一定的归纳整合能力，还必须掌握一定的逻辑思维能力。对于一些小图标的使用，平时可以积累一些常用的简笔画小图标素材，这样在需要绘制图文版思维导图时，可以随时将其调取出来使用，避免整张思维导图上只有文字。

第三节　思维导图的用途及应用范围

思维导图之所以能够起到事半功倍的效果，主要有以下原因，如图 1-6 所示。

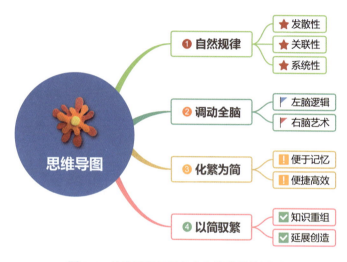

图 1-6　思维导图起到事半功倍效果的原因

- 符合大自然的规律。思维导图呈现出来的发散结构、关联性和系统性，是大自然最普遍、最重要的规律，是一种顺其自然的"道"。
- 调动全脑思维。思维导图充分运用大脑对语言、图像、颜色、逻辑的处理机制，用语言、图像、颜色和分支结构帮助人们可视化地管理思维，从而激发人类大脑的无限潜能。
- 化繁为简。思维导图能够很好地将繁复的知识简化，帮助人们更容易地学习、理解和记忆。

- 以简驭繁。如果说拆分是为了更好地简化，是把厚书读薄的过程，那么重组就是为了更好地延伸和扩展，从 1 到 N，创造无限可能，是把薄书读厚的过程。

一、思维导图的用途

思维导图的用途如图 1-7 所示。

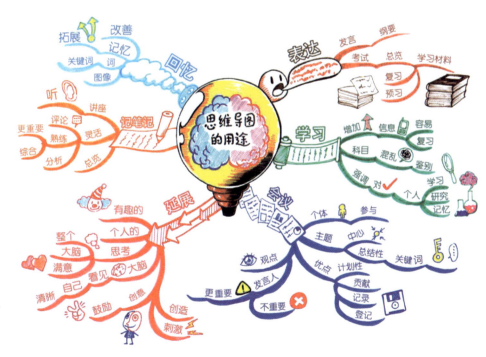

图 1-7　思维导图的用途

思维导图的本质作用是信息梳理和问题拆解，如图 1-8 所示，具体来说，它有以下几个方面的用途。

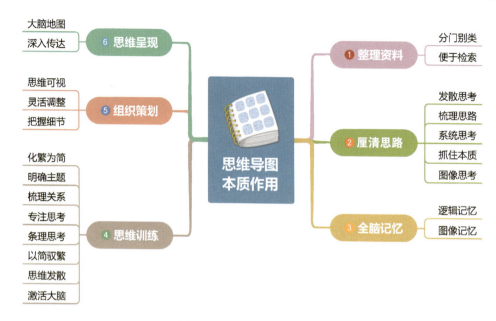

图 1-8　思维导图的本质作用

1. 整理资料

思维导图可用于整理资料，包括段落、文章、图书、知识体系等。整理功能是思维导图最基本的功能之一，也是大部分思维导图学习者用得最多的功能。思维导图中心发散的层级结构和文章的内容结构有相似之处。思维导图的中心相当于文章的中心主题，思维导图的分支相当于文章的各个关键点，思维导图的层次分支相当于文章的具体章节内容。所以，用思维导图整理文章，可以对文章的脉络结构有一个更加直观和深刻的了解。除此之外，使用思维导图整理知识体系后，可以让你更高效地复习和检索。

2. 厘清思路

从思考的角度来说，思维导图可以帮助你做到以下几点。

（1）发散思考

由于思维导图的结构是发散的，所以它可以驱动并帮助你进行发散思考。千万不要小看思维导图的这个功能。懒惰是人类的本性，人们一旦掌握了一个方法，就不愿意再主动去思考其他方法了，即使其他方法可能更加有效。因此，拥有一个可以引导人们进行发散思考的工具很有必要，而思维导图正是这样的工具。

（2）梳理思路

梳理思路是非常重要的，无论是写作、思考，还是演讲、沟通、汇报工作，都需要清晰的思路，这样才能有更高的效率。思维导图作为一个图示化思维工具，它的层次结构可以帮助你在信息输出的过程中表达得更加清晰。

（3）系统思考

当你处理复杂问题时，如果思维过于分散，就很难高效地找出全面的解决方案。为了提高思考效率，避免思维中断，你需要一边思考一边记录，记录的过程不仅是思考的过程，也是记忆的过程。人们一般会把思考的重点记在纸上。使用思维导图这一图形化思维工具做笔记，就能边想边记，开启全脑思考模式，大大提高思考效率。这样一来，即使面对复杂的问题，也能厘清思路，使思考更有逻辑，形成一个严谨的知识系统。

（4）抓住本质

人们通常都喜欢谈论现象而忽略本质。现象是表面的、异变的、肤浅的；而本质是深层的、稳定的、深刻的。透过现象看本质的根本就是进行对比分析和逻辑推理。思维导图的结构特点可以让人们对表象进行分析和拆解，迅速透过现象抓住本质，找出表面上不同的事物的共同内在与联系。

（5）图像思考

以图像作为思考的切入点是人类大脑与生俱来的能力。思维导图通过将信息图像化，能让大脑快速进入思考状态。因此，在绘制思维导图时应尽量多用彩色的图像、图标、图形、符号。多绘制思维导图，可以帮助人们激活右脑，锻炼图形思维能力。

3. 全脑记忆

思维导图能够启动左右脑并用的全脑记忆模式，从而帮助记忆。具体来说，一方面是对信息的结构化呈现，通过提炼重点来厘清逻辑，再依据逻辑实现高效记忆，这是对左脑的运用；另一方面是用颜色、图像、符号、结构、线条等，开启右脑技能。这样的双引擎全脑记忆，其效果是不言而喻的。

（1）左脑逻辑记忆

人们在背诵文章时，传统的记忆方式就是反复地大声朗读，其实，这种死记硬背的方法并不高效。你可以在背诵前，先用思维导图把文章的逻辑框架梳理出来，再根据逻辑关系进行记忆。

（2）右脑图像记忆

思维导图是一种图形笔记，在绘制过程中会用到很多图像和颜色。因为图像比较容易被大脑理解和记忆，所以可以在思维导图中增加图像来辅助记忆。

4. 思维训练

为什么思维导图可以有效地训练人们的思维呢？原因有以下几个。

（1）思维导图可以化繁为简

思维导图可以节省记录的时间，从而有利于高效思考。当人们面对繁杂的文字时，大脑会很快进入疲惫状态。运用思维导图将文字要表达的内容精简提炼后，大脑就能保持更长时间的良好状态。另外，思维导图化繁为简，使用的都是关键词和关键图，通过图像进行思维发散，也可以提高思考速度。

（2）思维导图让中心主题更明确

思维导图的结构是中心发散的层级结构，中心内容可以非常直观地体现出来。这可以让人们把思考的方向集中在中心，避免因联想太多而使思路跳跃到与中心无关的东西上，从而让思考更有效率。

（3）思维导图可以直观地呈现层级关系

思维导图让大脑对信息的理解更加清晰直观。传统的线性笔记无法直观地呈现各个关键词对应的层级关系。而思维导图通过思维图形化，可以清晰地呈现这些逻辑关系，每个层级关系不仅可以用分支连接，也可以用箭头做关联，让思维更加连贯。

（4）思维导图可以让思考更专注

思维导图的呈现模式与大脑的思考模式非常相似。大脑分析思维导图的过程与大脑本身是同频的，运用思维导图能使思维与大脑形成共振，从而使你更专注地思考问题、分析问题。另外，思维导图可以让你把注意力聚焦在关键点上，排除无用信息的干扰，让思维更集中，思绪更敏捷。

（5）思维导图可以让思考更有条理

思维导图一般按照顺时针的方向进行绘制，这个顺序对应着思考的条理。当你画完一个分支，再画下一个分支时，思路就会从过度发散的状态中被拉回来，进行下一个内容的思考。因此，思维导图可以让你的思考更有条理。

（6）思维导图可以以简驭繁

思维导图具有层次结构，可以让思考层层深入。很多人在思考的过程中都是点状思维，而思维导图的层级分支可以把点状的信息连在一起，引导你进行更深入的思考。同时，你还可以运用思维导图的层次结构详细描述思考内容，将众多的思维线索连接在一起，形成系统思维。

（7）思维导图可以引导思维发散

思维导图的发散结构能够引导你进行思维发散。你可以根据一级分支的内容把二级分支的内容推导出来，以此类推，进行纵向的深度思考。另外，思维导图的层级分支会让你的思考更加有序，其有序的层级展现方式可以引导你展开横向思考。

（8）思维导图可以激活大脑

思维导图使用了很多图像，会让人觉得很有趣，使大脑更加活跃，从而大大提升思考效率。

总之，思维导图不仅可以极大地提高你的工作、学习、生活效率，增强思考的有效性和准确性，也可以提升你的专注力。

5. 组织策划

思维导图用来组织策划也非常有优势，主要表现为以下 3 点。

（1）实现项目思维的可视化

你在组织项目、活动时，需要周全地考虑问题。用思维导图来把所有问题有序地整理出来，最后呈现出一张项目思维导图，可以很直观地进行人员、资源调配，也能很好地把控时间进度和项目质量。

（2）便于灵活调整计划

人们在做活动或策划的过程当中，往往会有临时改动，如果使用思维导图软件来组织策划活动，可以方便地进行调整修改。

（3）有利于把握流程细节

思维导图有利于了解项目和活动的整体和细节，特别是在流程细节的呈现上，可以避免因项目考虑不够周全而遗漏问题和出现潜在风险。

总之，思维导图既可以让重点内容跃然于纸上，便于掌握大局，也能对细节进行梳理呈现，避免疏漏。

6. 思维呈现

　　你绘制的思维导图是你大脑思维的映射，它会在你的大脑里形成一个基本的框架，因此只有你自己才能更系统、更深入地向别人传达你的思想。所以说，思维导图是绘制者个性思维的呈现。思维导图也因此被称为"大脑地图"或"脑图"。

二、思维导图的应用范围

　　思维导图的应用范围如图 1-9 所示。

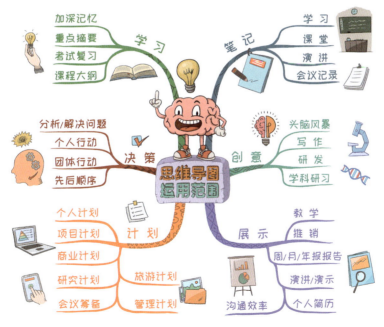

图 1-9　思维导图的应用范围

思维导图可广泛应用于各个领域，如教育、文化、科技、商业等，帮助人们在教育教学、沟通管理、营销管理、决策分析、时间管理等方面提高效率。

- 职场人：用于项目管理、制订计划、组织活动、分析并解决问题、头脑风暴等。
- 教师：用于教学、教研、管理、创新等。
- 学生：用于做笔记、记忆、考试、思维发散等。

思维导图在教育教学上的应用主要体现在 4 个方面，如图 1-10 所示。

图 1-10　思维导图在教育教学上的应用

- 教学：教学设计、活动策划、主题赛课。
- 教研：项目研发、教学改革、课堂研究。

- 管理：时间安排、工作效率、学校工作。
- 其他：工作总结、头脑风暴、创意收集等。

绘制思维导图的过程其实就像画一棵大树，从树干开始画起，到树枝、小树枝，再到树叶。在这个过程中涵盖了3个重要的底层逻辑，分别是分类、归纳和系统。

分类指的就是对一些杂乱无序的知识进行编码，其目的是让人们在复习时快速地提取到关键信息，分类过程就是人们的"思维树"开枝散叶的过程。这棵树的主干代表了整个思维导图的中心思想，支干则代表了分类的主题。

如果说分类是长出枝干的过程，那么归纳就是长出树叶的过程，系统化就是枝繁叶茂的过程。人类的大脑其实就是一个低效的储存器，很多时候人们的学习其实只停留在知识表面，只有持续学习，对某个领域不断地深入探究，不断地获取新知识，然后对这些知识进行重复的分类和归纳，不断地系统化自己的知识，最终才能建立自己的知识系统帝国。

思维导图对个人的作用

要求：你计划把思维导图用于哪些方面？你想解决什么问题？把你使用思维导图的形式梳理出来。

第二章

探秘大脑和思维导图

第一节　探秘神奇的大脑

　　大脑是人体的"总指挥中心"，它每时每刻都在控制着人体的各个部分，精密、复杂而又有条不紊地运转着。人类大脑虽然体积不大，重量也只占身体总重量的2%～3%，但其中的神经元细胞约有1 000亿个，它的复杂程度远远超出了人类目前的认知能力，是人体中最复杂、最神秘，也是最难研究的器官。大脑的奥秘思维导图如图2-1所示。

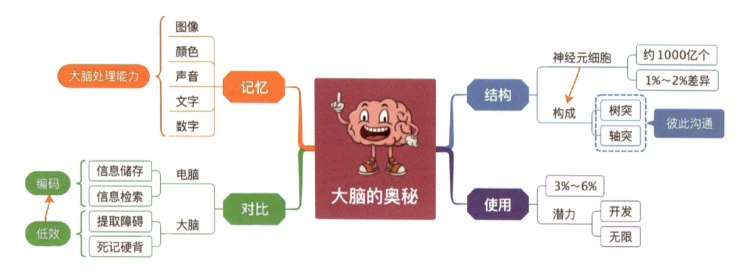

图 2-1　大脑的奥秘思维导图

一、最精妙的器官——大脑

大脑是最精妙的人体器官之一，重约 1 300 克，由约 1 000 亿个神经元细胞组成。每个神经元细胞大约有 1 万个突触伸展出去，和相邻的神经元细胞的突触相互交联。人类的脑部密度非常大，一根针大小的脑组织通常有 5 000 万个神经元细胞，1 万亿个突触相互交联。人与人之间任何形式的沟通，如语言、眼神及肢体动作，都是由大脑里的这些突触实现的。

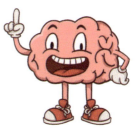

美国索尔克生物学研究中心的科学家曾对人类大脑突触的密度容量进行了测量，实验发现，平均一个突触能够存储大约 4.7 bit 的信息数据。这就意味着人类大脑的信息存储容量至少为 1 000 T，即 1 000 万亿字节。科学家受到人脑的功能原理的启发，从而研制了电子计算机。

诺贝尔生理学或医学奖获得者，哥伦比亚大学神经生物学和行为学研究中心埃里克·R. 坎德尔（Eric R. Kandel）的实验证实了神经元功能的变化对学习和记忆起着关键作用。

二、大脑的特性和功能

大脑的神经元细胞即神经元，其基本结构包括细胞体、细胞核、树突和轴突。神经元细胞（以下简称神经元）之间通过突触建立联系，传递信息。神经元是神经系统的基本结构单位。树突和轴突是有形的生物组织，它们就像树的根须一样延伸出去，不停地探知外界的情况并调整自己。神经元犹如一台精巧的微电脑，由它组成的网络则如同一个社会，可以灵活组合，根据近期的活动改变网络连接。

人类大脑神经元结构如图 2-2 所示，枯竭的神经元和经常思考的富足神经元如图 2-3 所示。

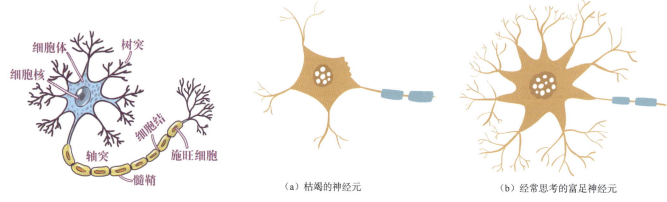

图 2-2　人类大脑神经元结构　　　　　　　　　图 2-3　枯竭的神经元和经常思考的富足神经元

20 世纪 60 年代，美国加州大学生物心理学家马克·罗森茨维格（Mark Rosenzweig）的经典的小白鼠心理学实验证明了环境能够影响人们的大脑。在丰富的环境下长大的孩子，因为接触的信息多，经常动脑，所以大脑发育得更好。

美国门多西诺学院心理学教授罗杰·霍克（Roger Hock）在《改变心理学的 40 项研究》一书中提到了一些现实中的案例。在对自然死亡的人进行解剖后，研究者发现，当一个人拥有更多技术和能力时，他的大脑就更复杂、更重，这意味着他的大脑更发达。

美国加州大学伯克利分校的神经解剖学专家玛丽安·C. 戴蒙德（Marian C. Diamond）在对 88 岁之后还充满活力的老人的探访中，发现这些老人都充满了好奇心，他们经常思考。

1. 大脑神经元

大脑是控制人类行为的中枢，人类的运动、情感及器官的功能都受到其控制，脑部神经元发出命令，逐级向下传递指令。

人类大脑内部约有 1 000 亿个神经元，它们是构成神经系统结构和功能的基本单位。神经元具有多个突起，看起来像错综复杂的树根，实际上，这些树根状的突起是神经元彼此沟通的重要结构。

大量神经元在脑部组成了一个庞大的生物信号系统，其主要功能是传递、储存和加工信息，产生各种心理活动，支配、控制人类的全部行为。神经元之间传递的信号是一种定向信号，是一个神经元末端的突触向另一个神经元末端的突触传递化学粒子的过程，粒子传递导致微电压发生变化，神经元会发生兴奋和抑制反应，从而实现神经信号的传递。

婴儿刚出生时，大脑神经元的分布是非常稀疏的。由于身体结构未发育完全，婴儿的听觉、嗅觉、味觉、视觉都非常弱，大脑会进一步发育，生长出更多的神经元，之后神经元慢慢成长。婴儿从一个月到两岁这一阶段，大脑神经元密度越来越大，为什么会这样呢？一般来说，一两岁的孩子，其视觉、触觉、嗅觉正处于逐渐成长的阶段，好奇心很重，喜欢翻箱倒柜，特别是刚学会说话的孩子，完全是行走的"十万个为什么"，看到什么都要问。他们在问、听、触摸的过程中，其大脑神经元是非常活跃的。孩子会去思考：为什么这个东西长这样？为什么小猫和小狗的叫声不一样？为什么会有白天和黑夜？孩子的疑问会促使他们的大脑去思考。大脑神经元频繁活动、连接，使得大脑神经元的密度非常大。

大约在 5 岁时，人类大脑中的神经元的基数就基本定型了，这时候，不同的人的脑容量已经出现明显差异。一般来说，生存环境变化大、生存环境恶劣但营养充分的孩子，大脑中有用的神经元更多，智力更高，脑容量更大。

成年人的大脑神经元密度要比儿童小一些，为什么会这样呢？因为随着年龄的增长，人们的认知越来越多，思维很容易被所学的知识限制住，导致其创造力没有儿童强，同时大部分人因为不经常用脑，使其大部分神经元突触由于未被开发利用而消失，这也是大部分成人觉得记忆力越来越差的主要原因。

英国剑桥大学的彼得·琼斯（Peter Jones）教授在一次伦敦牛津医学科学院的媒体见面会上称，大脑有自己的"发育时间表"。他认为人类大脑并非快速地成熟，而是缓慢地、循序渐进地成熟。

最近一项研究发现，具有高度创造性的人，其左右脑之间的神经元连接比普通人多得多。这说明"创造力"这一抽象的概念具有内在的生物学依据。

美国与意大利的科学家们通过 MRI 扫描的方式检查了一组健康的大学生的大脑活动，目的是分析大脑的 68 个不同区域之间的连接。接受扫描后，这些大学生们被要求回答一系列调查问卷，以此评价他们的创造力。他们被要求回答多选题、绘制几何图形，以及列举自己在音乐、舞蹈、写作等创造性较强的领域的成就。科学家们将扫描结果与问卷结果一一比对，发现创造力排名前 15% 的大学生（19 名）相比创造力差的大学生具有更多的神经元连接。

东尼·博赞当年研究思维导图时，查阅了大量关于大脑的书籍，他发明的思维导图主要参考了大脑神经元的模式。

2. 艾宾浩斯记忆曲线

人的记忆分为长期记忆和短期记忆。德国心理学家艾宾浩斯通过记忆曲线实验发现，人们接触的信息在经过学习后便成为短期记忆，如果不及时复习，很快就会被遗忘。根据遗忘的规律，当人们的记忆力减弱到一定程度后，遗忘速度会逐渐趋缓。也就是说，记忆并不会一下子被全部遗忘，往事或旧知识总会留下一些模糊不清的印象或不连贯的信息碎片，但并不会被完全忘掉。艾宾浩斯记忆曲线示意如图 2-4 所示。记忆保留比例如表 2-1 所示。

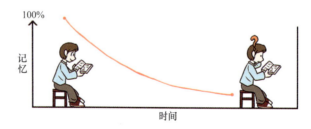

图 2-4　艾宾浩斯记忆曲线示意

表 2-1　记忆保留比例

时　　间	记忆保留比例	时　　间	记忆保留比例
学习完毕	100%	1 天后	33.7%
20 分钟后	58.2%	2 天后	27.8%
1 小时后	44.2%	6 天后	25.4%
9 小时后	36.8%	31 天后	21.1%

那么，如何才能将短期记忆变成长期记忆呢？记忆效果曲线如图 2-5 所示。当你学习新知识时，如果进行有规律的复习，记住的知识就会在大脑中变成长期记忆。具体来说，当你学习了 30 分钟后，在 30 天后温习 15 分钟，在 7 天后再温习 10 分钟，在 30 天后再温习 5 分钟，你就会发现所学的东西慢慢变成了长期记忆。

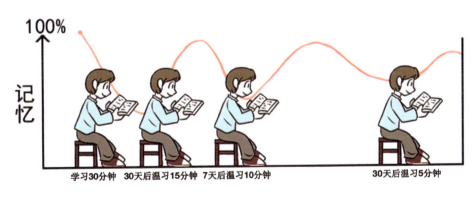

图 2-5　记忆效果曲线

如图 2-6 所示的艾宾浩斯记忆曲线有 3 条不同颜色的曲线，分别是红色、紫色和绿色。红色曲线说明，学习新知识后的 15 天内不做任何复习，记忆保留比例会大幅度下跌到底部。紫色曲线说明，虽然有复习，但没有合理安排复习的时间，记忆保存的效果也不理想。绿色的曲线说明，有规律、有阶段性地进行复习，所学的内容就会长期稳定地保存在大脑里，久而久之，就会变成长期记忆。

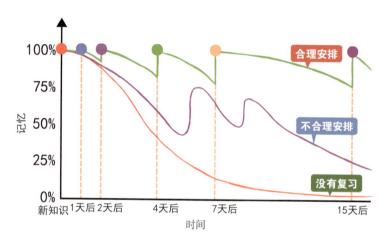

图 2-6　艾宾浩斯记忆曲线

　　艾宾浩斯记忆曲线的原理对于学习任何知识都是行之有效的，可以极大地提高人们的记忆效率，收到事半功倍的效果。不过，记忆并不是学习的最终目的，而只是一种知识存储的方法，学习的目的是储备认识问题和解决问题的能力。要想巩固所学知识，必须及时复习；要想知道记忆的效果，应该经常进行自我测验，自我测验也是一种很好的复习方法，是对艾宾浩斯记忆曲线的具体应用。

　　那么，应该怎样让大脑更高效地记忆呢？其实，大脑进行记忆是有规律的，只要合理运用五官，发挥想象力，建立连接，就可以将短期记忆转化成长期记忆。以下是 12 个记忆原则。

动作	联想	象征性	幽默
想象力	数字	符号	颜色
顺序	正向思考	夸张	五官感觉

对这 12 个记忆原则，你是否有种似曾相识的感觉？不妨回忆一下自己在学生时代很喜欢的一门课。你会因为喜欢这门课的老师而在他的课堂上非常专注，从而对这门课留下了非常深刻的记忆。其实这里面就包含了上面这些记忆原则。因此，如果想让自己的记忆力变得更好，你不妨尝试使用这 12 个记忆原则。另外再思考一个问题：思维导图中为什么要强调使用颜色、图像、符号，强调分支具有生命力，强调按照顺序阅读、绘制分支，以及强调层级关系要分明？答案与这 12 个记忆原则密切相关。

三、完美的左右脑分工

科学家通过研究发现，人类的大脑由两部分构成——左脑和右脑，它们作为大脑的组成部分，是大脑进行高级神经活动的场所。左脑和右脑在功能上并不是对称的，其中左脑主要处理文字、逻辑、概念、语言、意识等，当左脑从事这些活动时，右脑一般处于放松或休息的状态，并且随时准备给左脑提供帮助；右脑则主要处理图形、音乐、想象、情感、节奏、创造力等。

科学家还发现，每个半脑都拥有另一半脑的许多能力，并且能处理更广泛、更微妙的思维活动。

人类大脑的主要功能如图 2-7 所示。

从图 2-7 中可以看到，大脑分成若干个区域，每个区域负责不同的功能，包括思维功能、体觉功能、听觉功能、视觉功能、精神功能。每种功能都可以进行接收、储存、分析、控制和输出活动。大脑首先通过各种感官（如视觉器官、听觉器官、嗅觉器官、感觉器官等）来接收信息，然后将接收的信息储存起来，以便随时提取。当然，在储存的同时，大脑还有分析功能，它可以识别各种模式，并且通过核查和询问来组织信息。根据对信息的判断，大脑还可以控制身体的各种情况。

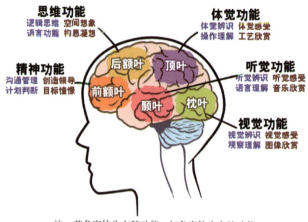

注：蓝色字体为左脑功能，红色字体为右脑功能

图 2-7 人类大脑的主要功能

知 识 链 接

　　人脑的思维形式有两种：一种是形式化思维，是人脑演绎能力的表现，具有逻辑的循序特点；一种是模糊性思维，是人脑归纳能力的表现，可同时进行综合、整体的思考。在人的大脑中，每小时约有 1 000 个神经元发生障碍，一年内有近 900 万个神经元丧失功能。尽管如此，大脑仍能正常工作，其主要原因就是大脑有足够的"后备力量"。一些神经元发生故障，另一些备用的神经元马上顶替上来。人的大脑约有 1 000 亿个神经元，每天能记录生活中大约 8 600 万条信息。据统计，人的一生能凭记忆储存 100 万亿条信息。

提出了著名的"左右脑分工理论"的诺贝尔生理学或医学奖获得者、美国心理生物学家斯罗杰·W. 佩里（Roger W. Sperry）博士研究发现，人类大脑皮质区左右两边在机能上有着不同的能力与分工。左脑的能力与数字、文字、理解、记忆、判断、排列、分类、逻辑有关，右半脑的能力则与图像、旋律、想象力、空间力等有关。左右脑的分工如图 2-8 所示。

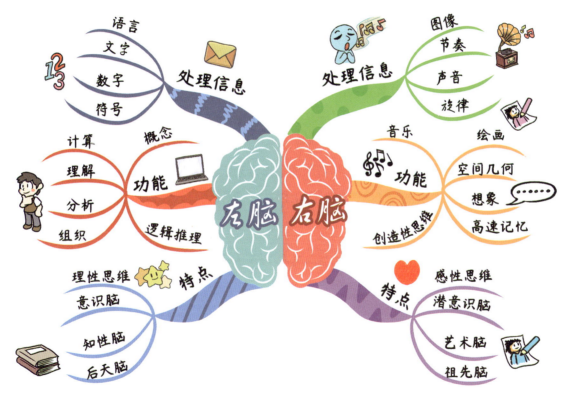

图 2-8　左右脑的分工

通过图 2-8 可以看到，左脑输出的信息与文字、逻辑、数字、语言、意识等有关，它的逻辑思维非常清晰，就像一位科学家，因此被称为"理性脑"；右脑输出的信息与智慧、图案、想象、音乐、创造力等有关，它的色彩丰富，非常形象、有生命力，它就像一位艺术家一样，因此被称为"感性脑"。左脑擅长分析，右脑擅长创意。左右脑协同工作，相辅相成。

下面再来对比一下左右脑的分工与思维导图相应的作用。

- 左脑。左脑善于分析，可以把零散的思维进行重新组合，让人们进行理性思考。思维导图通过把各级主题之间的关系用相互隶属的层级表现出来，让复杂的逻辑关系变得一目了然。

- 右脑。右脑善于想象，有艺术思维，重视整体与发散。思维导图通过把主题关键词与图像、颜色等建立记忆连接，运用符号、代码、颜色、线条等，把无限的想象呈现出来，发散人们的思维。

可见，思维导图是一种充分调动左脑逻辑思维和右脑形象思维来记录和表达思维的可视化学习工具。在绘制思维导图的过程中，左右脑彼此通力合作，可以很好地提高人们的注意力、思考力、理解力和记忆力。

第二节　思维导图与大脑的关系

一、思维导图助力启动大脑

通过前文的学习可知，大脑中的左右脑是有各自的分工的。下面做个小实验。这个实验可以分成 3 个小测试。测试 1：观察图 2-9，快速地说出图中字的颜色。测试 2：观察图 2-9，快速地读出这些字。测试 3：观察图 2-10，快速地读出图中圆点的颜色。

红 黑 白 蓝 绿 紫 橙 黄　● ● ● ● ● ● ● ●

粉 红 黑 白 蓝 绿 黄 橙　● ● ● ● ● ● ● ●

黄 粉 红 黑 白 蓝 红 黄　● ● ● ● ● ● ● ●

图 2-9　测试 1 和测试 2 　　　　　　　　　　　图 2-10　测试 3

　　通过这个实验，你会发现一个很有趣的现象：读颜色时，你会被字干扰，很容易把字给念出来；读字时，你却很少被颜色干扰。如果像图 2-10 一样，把文字去掉，直接显示文字的颜色，这时读颜色，你就不会被字干扰，原因就是你暂时屏蔽掉了左脑的干扰，从而使右脑快速地辨别颜色。如果你家里有 2～3 岁的小朋友，他能够分辨颜色，但还不认识字，你可以让他快速地读图 2-9 中字的颜色，你会发现他也不会被字干扰，也就是说 3 岁左右的孩子的左脑不会干扰他们对颜色的辨别。这个有趣的现象也是左右脑协同工作造成的，因为左右脑并不是分开工作的，它们需要协同工作才能发挥各自的最大效率，所以在同一时刻给予两个半脑的刺激越多，它们就越能有效地进行思考和记忆。

　　思维导图其实是在完成两大工序：一是思维发散，二是思维渗透。绘制思维导图就是思维发散与思维渗透的过程，需要你把这个过程可视化和秩序化。每个元素都要有它的组成、要素、规则，才能最终布局为一个看起来还不错的思维导图。

1. 思维发散（见图 2-11）

　　思维发散有两种，一种是自由发散，另一种是定向发散。两者的区别在于：自由发散可以提升问题思考的全面性、开拓性、整体性、整合性；定向发散可以解决问题思考的方向，具有针对性，更具深度。

图 2-11　思维发散

2. 思维渗透（见图 2-12）

在绘制思维导图时，一般先通过发散思维展开问题思考，然后确立分支，也就是确立发散思维的方向。有了方向之后，每个分支都是一条独立的信息脉络。把这些分支整合到中心"种子"上，就变成了一棵思维的参天大树。也就是说，思维导图将发散思维进行排列组合，最后变成一幅大脑地图。所以说，发散思维的重要意义在于它是思维导图的基础。

例如，关于生活，你会想到衣食住行。衣，根据人群划分，你会想到童装、男装、女装；根据季节划分，你会想到春装、夏装、秋装、冬装。无论是哪种分类，它的每个分支都是思维渗透。

思维渗透，其实就是挖掘事物表象背后的本质。例如，一家企业遇到营业额下滑的问题，经过分析发现，可能是因为产品价格太贵了，那么为什么客户会认为产品价格太贵呢？经过进一步调查和思考，发现原来是竞争对手在打价格战，那么如何避免价格战带来的损失呢？在不降价的前提下，可以提升产品的附加值，提升服务水平，提升产品的独创性，从而完成销售任务。

图 2-12 思维渗透

在这一过程中，从发现问题、分析问题，到制定对策及实施计划，既有横向的推理思考，也有纵向的思维渗透。通过横向的思考找到问题的方向，至于每个方向具体怎么做，则必须通过思维渗透，才能发现问题的本质。

一般来说，在利用思维渗透这种方法时，基本上都是先发现问题，然后解决问题。第一步，了解问题出现的原因，找到原因之后，再为每个原因匹配相应的信息。第二步，为每个问题找到有针对性的解决方案。第三步，进入实施阶段。最后，如果更系统一些，还应该有监督机制和考评标准，对解决方案进行总结和反思。这一层层递进的过程就是思维渗透。

练习

在工作、生活、学习中选择一个问题进行思维渗透，梳理出问题的本质。

二、思维导图让生活和学习更高效

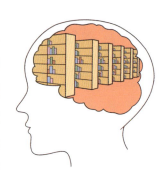

如果把你的大脑比喻成一个新建的图书馆，里面还没有装修，还未放置任何设备和图书，你如何设计、装修这个图书馆，使它能便捷、高效地为大众所用？作为设计师，你应该先做好不同功能区域的规划设计。装修完之后，你还要思考如何科学地摆放物品，提高空间的利用率，既不浪费空间，又不显得局促杂乱。这时候，你需要做硬件采购的筛选，设计合理的摆放方案。把硬件都摆放到位以后，你就要开始计划采购多少图书，以及这些图书应如何分区、如何摆放。因为如果图书摆放得不科学，就会大大增加读者借书和还书的时间，还会增加图书管理员的工作量和图书馆的运营压力。

思维导图就如同现代化图书馆的管理系统，它可以很好地管理大脑信息的输入、记忆、储存、输出，在输入的过程中将信息进行有效的分拣和精简，在储存的过程以自然的方式对信息进行科学的分类储存，在输出的时候能快速地做出反应，给出最佳解决方案。

你或许有过这样的感受：需要学习、记忆的东西太多了，很容易忘记，脑子里根本装不下这么多东西，大脑一乱，思绪就会乱，输出的时候就会遇到阻碍。当你掌握了思维导图这个工具，你输入的每条信息都会自动被这个"大脑操作系统"处理保存，并构建连接，从而形成一个知识体系。这样，你就能随时随地学以致用，从容、清晰地去应对和处理任何复杂的问题。

为什么思维导图能发挥如此神奇的作用？那是因为它可以帮助你培养结构化思维。

在日常生活中，人们经常需要把内容信息进行科学合理的分类，这就要用到结构化思维，或者说进行结构化思考。当你在使用电脑时，会对文件夹进行分类；在图书馆、书店，能看到图书的分类；在商店、超市、商场，能看到商品的分类；当你整理房间、衣柜、橱柜、冰箱时，也会将物品分类摆放……这些都是结构化思维在生活中的应用。

那么，大脑是如何将接收的信息进行结构化或系统化的呢？你每天所看到、听到、学到的东西，其实都是分散的元素，或者说是分散的知识点。正如图书需要存放到书架上才更方便存取，对于分散的知识点，需要使用一个知识框架将它们连起来，变成一个系统，这样才能快速、有规律地储存知识、提取知识（见图2-13）。

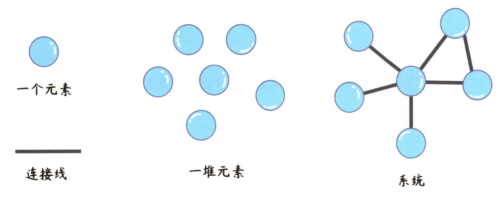

图 2-13　系统的形成过程

知识点好比图书（元素），知识框架好比书柜（连接线），正如用书柜来存放图书可以方便人们存取一样，只有使用知识框架将大量的知识点变成一个系统，人们才能快速、有规律地储存和提取知识。储存知识是记忆的过程，提取知识则是思考、表达的过程（见图2-14）。当新知识进入大脑时，就被储存到大脑的知识框架里，最后形成一个系统。

例如，你学到了思维导图这个新知识，思维导图属于学习工具、学习方法或学习窍门，你把它储存在一个类别中，就形成了一个系统。运用这个系统去学习，学得越多，你解决的问题的能力就越强，就像手机上装的软件一样，软件装得越多，手机的功能就越强大。

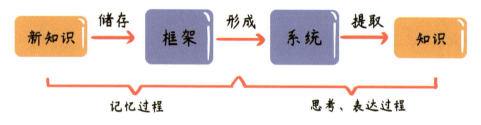

图 2-14　储存和提取知识的过程

解决问题的能力强弱，或者说解决问题的效率高低，取决于你是否对知识进行了科学的、分门别类的存储。只有做到了这一点，当你提取知识时，才能进行高效的思考和表达，这个过程其实是记忆的过程。就像你收纳一个物品，决定把它放到某个位置，下次再去找它的时候，你会记起这个物品是在什么时候放进去的。

当知识进入大脑时，你应该辨别哪些知识是常用的，哪些是不常用的。对于常用的，就想想会在什么时候、什么情境下用。如果你想把思维导图当成一个长期使用的技能，就应该每天反复使用，使这种思维方式逐渐成为你的一种能力。一旦达到这种状态，当你面对问题时，根本不需要刻意画一张思维导图，就能看到这个问题背后的根本因素。

三、思维导图让碎片化的知识系统化

如果想把碎片化的知识系统化，需要借助一些思维工具来重新整理这些杂乱无章的知识，使它们最终形成一个完整的系统知识。画思维导图就是把所有知识连接起来的过程，在这个过程中，各个知识之间无论是包含关系还是并列关系，都

需要延展和聚焦。

举个例子。在上培训课时，大多数人要么直接抄笔记，要么根据自己的理解来补充一些自认为"很重要"的关键词。而你需要做的是用思维导图这样一个思维工具去重新搭建和梳理课程中的知识点，把这些知识点用分支有层次、有逻辑地串联起来，在串联的过程中，你会发现笔记中可能存在大量你曾经知道的知识点，你可以快速地合并、关联这些知识点，使用思维导图来全面地厘清这些知识点之间的关系，利用思维导图的层级关系把它们进行分类和归纳，最终形成一个完整的系统知识。在"综观全局"的知识框架里，你可以查漏补缺，把一些新的知识点做重点、难点标注。

这个将思维系统化的过程是持续进行的，而不是一次性的。如果日后你又学习了同类知识，就可以再进行一次系统化过程，不断更新你的知识库，持续完善你的整个知识系统的构建。

四、思维导图有益于思维创新

思维导图是模仿人类大脑的思考方式，以发散性思维为原型，专门设计出来的思维工具，它可以让你在中心点构建一个主题，不断地积累想法，不断地将想法向外扩散出去。

1. 发散思维的神奇作用

发散思维，又称扩散性思维、辐射性思维，是一种从不同的方向、途径和角度去设想、探求多种答案，最终使问题获得圆满解决的思维方法，具有流畅性、多端性、灵活性、新颖性和精细性等特点。

前文说过，思维导图是一种将发散性思考具体化的方法，而发散性思考是人类大脑的自然思考方式，能在短时间内产生大量思路，对于思维创新有非常重要的意义。

发散思维要求不依常规、寻求变异，对给出的材料、信息，从不同的角度、向不同的方向、用不同方法或途径分析和解决问题。因此，它可以充分发挥人们的想象力，突破原有的知识圈，从一点向四周发散，并通过知识、观念的重新组合，寻找更新更多的设想、答案或方法。当一词多组、一事多写、一题多解，或者设想多种路径去探寻改革方案时，都会用到发散思维。例如，一题多解就是通过思维的纵横发散，使知识串联、综合沟通，达到举一反三的目的。

发散思维是绘制思维导图过程中必须掌握的技巧。很多人认为，发散思维很简单，只要看到一张图去联想就对了，但是在面对实际问题时并非如此，不是说只要发散思维就可以解决问题。简单来讲，发散思维就是由中心向多个角度展开思考的过程。就像种下一颗种子，长出根和枝干，然后不断向上、向四周展开。生活中一些常见的图像或生物，就是发散状的，如叶子的脉络（见图 2-15）、树枝（见图 2-16）、闪电（见图 2-17）等。

图 2-15　叶子的脉络

图 2-16　树枝

图 2-17　闪电

　　你可以尝试着进行思维发散。例如，对"水果"进行思维发散，你马上就会想到很多自己喜欢的或不喜欢的水果，如苹果、梨等。其实，最有效的发散思维是定向发散。所谓定向发散，就是先让思维自由发散，最后聚焦到一个限制条件里。你可以借助九宫格做一个定向发散练习。九宫格的好处是可以"强迫"大脑来完成分类。

　　例如，在中心点构建出一个如何提升公司业绩的主题，接着根据会议的讨论内容不断地添加相关的想法。虽然这些想法一开始可能是没有逻辑的，但至少都是围绕着同一个主题展开的，与会者也能明白自己在讨论一些什么东西。

你会从哪几个维度对"如何提升公司业绩"进行思维发散呢？试着完成图 2-18。

图 2-18　对"如何提升公司业绩"进行思维发散

　　首先确认思考的方向，然后借助九宫格打开思路，如先思考"好的老板"具备哪些品质，完成图 2-19。可能平常想到三四个选项后你就不再继续思考了，但借助九宫格，你会努力填满 9 个格子。接着思考"好员工"具备哪些品质，如工作主动、思维活跃、恪尽职守、热爱岗位等，完成图 2-20。

　　这种思维方法可广泛应用于产品开发。再举一个例子。思考"鹅"的综合利用，除鹅肉外，鹅的毛也有许多用途：刁翎，可直接出售；窝翎，用于做羽毛球；尖翎，用于做鹅毛扇；鹅绒，可加工成衣、被、枕等产品。此外，鹅血可以加工成血粉，用作饲料添加剂；鹅胆可用作胆膏原料；鹅胰可提炼药物。"鹅"的思维发散九宫格如图 2-21 所示。

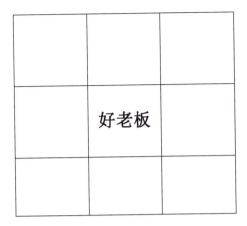

	好老板	

图 2-19 “好老板”九宫格

	好员工	

图 2-20 “好员工”九宫格

尖翎	窝翎	刁翎
鹅绒	鹅	鹅肉
鹅血	鹅胆	鹅胰

图 2-21 “鹅”的思维发散九宫格

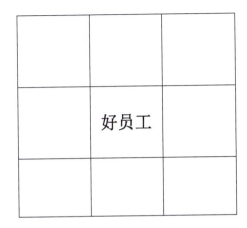

以"快乐"为中心主题进行思维发散，并把发散出来的词语写在图 2-22 中的空白分支上。

图 2-22　以"快乐"为中心主题进行思维发散

　　从一个简单的概念"快乐"发散出去，想出 5 个词作为一级分支，每个一级分支下发散出 5 个二级分类，你就会得到 125 个词，以此类推……只要不断地想下去，结果会越来越多，这正是思维导图的基本技术。学习词语只用到了你的左脑，如果把神奇的右脑也利用起来，则创造思维的能力又会提高很多倍，因为你可以加上色彩、视觉节奏、景象、图画、编码、维度和巧妙的空间排列等要素。

2. 思维创新的路径

　　思维导图是以中心为主题，向四周延展的结构。中心主题就是思考的主题、讨论的问题或笔记的题目，是向四周延展的核心。延展出来的内容就是层级的结构，如一级、二级、三级……再在各层级上进行水平或垂直思考，一直向外延伸成一个树状结构或网状脉络。树状结构可以是分类关系的结构也可以是因果关系的结构；网状脉络则用来表示不同的树状结构还可以重复出现一些信息或彼此有关联的信息。无论是水平思考还是垂直思考，都包含逻辑联想和自由联想这两种模式。人们一般在做工作计划、分析问题、描述事实等场合，都更偏向于逻辑联想，而在头脑风暴或创意等场合则偏向于自由联想。

下面来具体看看思维导图是如何从自由联想、逻辑联想、垂直发散和水平发散这4个方面帮人们发散思维，从而实现思维创新的。

（1）自由联想

如图2-23所示是美国国家航空航天局（NASA）做的一个关于思维创造力的调查结果思维导图。调查的对象有1 600人，分为4个年龄段：5岁、10岁、15岁、25岁以上。5岁孩子的创造力高达98%；10岁孩子的创造力是30%；15岁孩子的创造力是12%；25岁以上的成年人创造力只有2%。从这些数据可以看出，孩子的年纪越小，创造力就越强，随着年龄的增大，创造力越来越弱。是什么原因造成这一现象的呢？其实，人的创造力和思维能力有着密切的关系。为什么孩子的创造力那么强？那是因为孩子敢想，不太会受外界的干扰。这说明自由联想对创造力有巨大的作用。

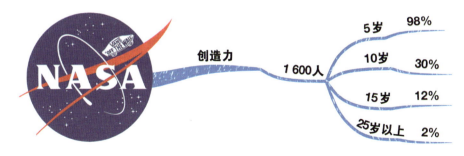

图2-23　美国国家航空航天局创造力调查

如图 2-24 所示的这张思维导图是对 AI 机器人的功能主题进行的自由联想。进行自由联想时，不要设定任何条条框框，也不要太在乎别人的想法。

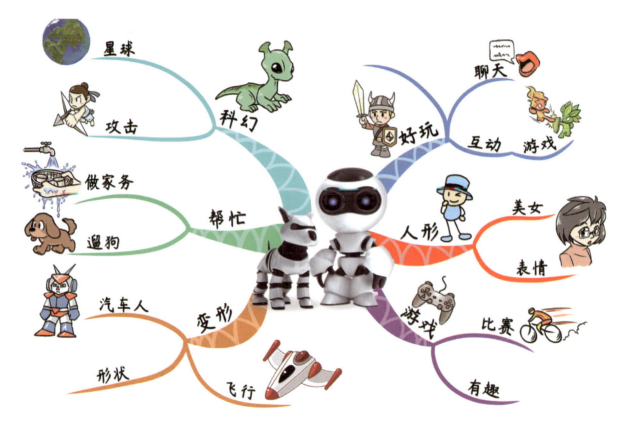

图 2-24　AI 机器人自由联想

在图 2-24 的中央是一个机器人和一条机器狗根据这条信息，你可能会首先联想到"好玩"——机器人能与人聊天互动，一起玩游戏。接下来联想到"人形"机器人，进而联想到美女机器人，它有非常丰富的表情。接下来联想到"游戏"——机器人比赛会非常有趣。此外，你可能还会联想到"汽车人"，也就是变形金刚，它可以变成各种各样的形状，甚至可以飞。有的机器人可以帮忙干家务、遛狗，还有餐厅里的机器人服务员，可以帮忙端茶送菜。最后，你还可能会联想到科幻作品里的外星人。以上这些自由联想，适用于平时的头脑风暴或收集创意。进行自由联想时，你可以天马行空地去想象，不要有太多顾虑，要依靠思维的自由和直觉，将思维随性地发散。

（2）逻辑联想

什么叫逻辑联想？就是将一件事情的实施步骤有根有据地推导出来。日常在写方案、准备演讲稿、进行知识解析时，都会用到逻辑联想。

如图 2-25 所示也是一张关于 AI 机器人的思维导图，但这次进行的是逻辑联想。你可能会首先想到：什么是 AI？ AI 就是人工智能，就是通过人力去制造思维和意识，使之达到人类智能的水平。要达到这个目标，就需要研究机器内部芯片符号的处理。那符号处理是什么呢？可能就是字符号法、统计学法、集成方法。要让机器人达到人类智能的水平，还需要运行大量的算法，集成很多功能。那这些功能是如何实现的呢？就是模拟人类的大脑进行深度思考，这就需要通过神经科学去模仿人类大脑神经元。而让计算机去模仿大脑神经元，又会用到控制论。AI 机器人可以学习，那它应该学什么呢？要想学会运算，就要学习统计学、信息论、控制论。最后是 AI 的研究成果在生活、工作或其他领域的应用，如在自动工程、人机对弈、模式识别、知识工程等领域的应用。

这就是逻辑联想。

你可以把自由联想和逻辑联想的思维导图放在一起（见图 2-26），看看它们有哪些共同点和不同点。

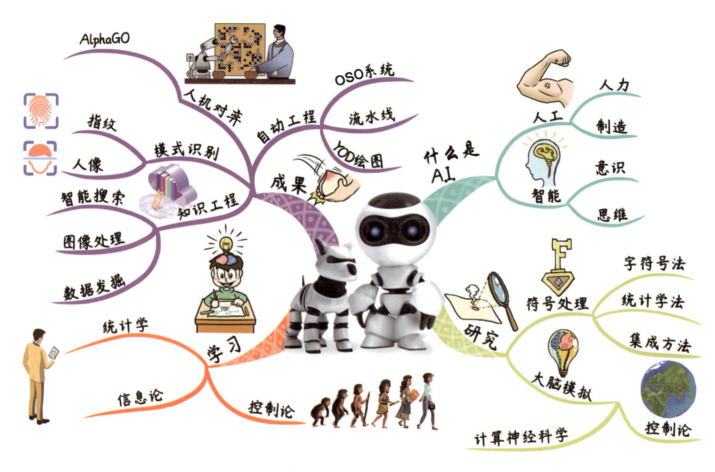

图 2-25　AI 机器人逻辑联想

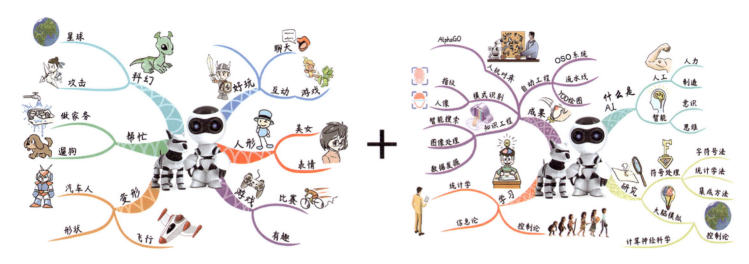

图 2-26　自由 + 逻辑 = 创意 + 执行

如果要做一个创意执行，应该怎么做呢？可以把自由联想和逻辑联想进行结合。因此，自由 + 逻辑 = 创意 + 执行。

（3）垂直发散

所谓垂直发散，就是对一个主题一步一步地挖掘，找出其最终目的。以孩子的学业为例。从"孩子的学业"这个主题中，你能联想到什么呢？肯定跟学习相关。你会从学习联想到成绩，从成绩联想到考试，考试的最终目的就是升学。那么你就可以推断出，孩子完成学业最终是为了考上更好的学校。"孩子的学业"的垂直发散如图 2-27 所示。

其实还可以继续进行垂直发散。例如，升学是为了什么？是为了读一所好学校、选一个好专业。读一所好学校、选一个好专业是为了毕业后找一份好工作。而找一份好工作，是为了获得一份好收入……你可以将这个主题无限延伸下去。垂直发散就是以这种方式找到问题的最终答案的。

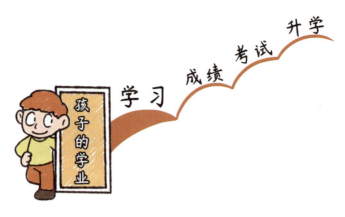

图 2-27 "孩子的学业"的垂直发散

（4）水平发散

所谓水平发散，就是把整个问题展开。同样以"孩子的学业"为例。"孩子的学业"的水平发散如图 2-28 所示。

展开"孩子的学业"这个问题，获得"学习""成绩""考试""升学"4 个关键词，再对这 4 个关键词进行延展。

- 对"学习"进行延展，联想到课内学习和课外学习。对"课内学习"进行延展，联想到文科和理科。对"课外学习"进行延展，联想到日常的兴趣爱好与技能。

- 对"成绩"进行延展。成绩一般就是指考试分数。学科考试对应的是分数，但是像语言能力、计算机能力的等级考试，则对应的是技能证书。

- 对"考试"进行延展，则初中有会考和中考，高中有会考和高考。

- 对"升学"进行延展，小学、初中、高中升学时，要考虑如何选择或考取一所好学校；高中要考虑选文理科；考上大学后，要考虑选什么专业。

水平发散就是这样先剖析问题，然后对每个分支进行更加深入的思考。

图 2-28 "孩子的学业"的水平发散

以"曲别针"为中心主题，分别进行垂直发散和水平发散，完成图 2-29 和图 2-30。

图 2-29　垂直发散练习

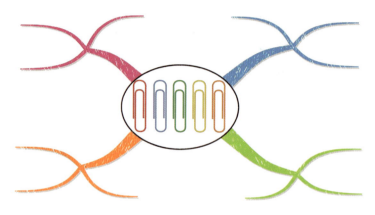

图 2-30　水平发散练习

第三章

轻松绘制思维导图

第一节　思维导图的绘制法则

思维导图注重开发人的左右脑，它运用线条、符号、词汇和图像，把冗长串枯燥的信息变成彩色的、容易记忆的、有高度组织性的图。

所有的思维导图都有以下几个共同之处：它们都使用颜色；它们都有从中心发散出来的自然结构；它们都使用线条、符号、词汇和图像，遵循一套简单、基本、自然的规律，易被大脑接受。

思维导图的绘制法则如图 3-1 所示。

一、纸张

在绘制思维导图之前，先准备一些白纸，A4 或 A3 纸最佳，把纸横放在桌面上，在纸的中心位置开始绘制思维导图，如图 3-2 所示。

图 3-1　思维导图的绘制法则

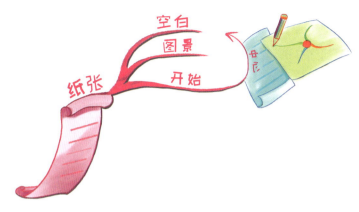

图 3-2　思维导图法则——纸张

中心主题的大小不宜超过九宫格中的中央网格，如图 3-3 所示。

图 3-3　九宫格的中央网格

二、分支线条

思维导图的分支线条最好由粗到细有机地以曲线形式向四周辐射，线条长度要适中，不宜过长或过短，以正好放下图像和文字为宜。所有层级的线条都需要与上一层级的线条紧密连接，不能断开，因为大脑在思考的过程中，思绪是连贯的、系统的（见图3-4）。

图3-4　思维导图法则——线条

对于思维导图的分支线条的设计，除了由粗到细，还可以设计成更加形象的、富有生命力的曲线。因为富有生命力的曲线可以提高人们的想象力和联想力。例如，图3-4中的一级分支就设计成了一条小蛇，扭曲成数字"2"的形状，代表的是思维导图法则——线条。

这些富有生命力的曲线下的每个分支都可以被赋予不同的象征意义。表示方向或目标时，可以用箭头。例如，要表示"今年的目标"，就可以用一个箭头来设计一级分支；表示方法或路径时，可以用"手臂"图形；要突出重点或特别的内容，可以用"闪电"图形。不同的内容和信息可以用铅笔、画笔、飞溅的水花等图形表示。艺术分支——线条如图3-5所示。

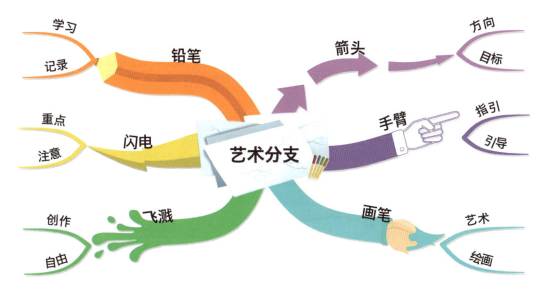

图3-5　艺术分支——线条

富有生命力的曲线示例如图 3-6 所示。

图 3-6　富有生命力的曲线示例

三、词（关键词）

对思维导图中"词"的提炼和使用，是初学者的学习重点和难点（见图3-7）。要从一个段落、一篇文章甚至一本书中提炼出关键词，对初学者来说，确实是一个不小的挑战。此外，还要做到"一线一词"，关键词必须放在线条的上方，书写清晰，字体、字号适中，中心图上的主题文字使用大号字体，分支上的文字使用中小号字体。

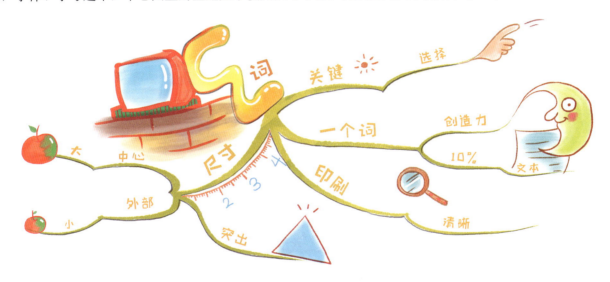

图3-7　思维导图法则——词

提炼关键词是思维导图法则中的重点，也是难点。要从一段话中提取关键词，首先要把名词圈出来，然后圈出一些相关的动词。此外，还可以加一些修饰词，如形容词等，当然这些不是最主要的，在一张思维导图中，最重要的是以名词为主、动词为辅。

关键词的提炼和使用方法如下。

词性：主要提取名词，动词次之，辅以必要的修饰词，如形容词、副词，甚至连接词、介词等。

数目：由于思维导图的重要理论之一源自语义学，因此每个线条上的关键词都以一个语词为原则，特别是在开发创意、计划工作、分析问题等场合。只有在遇到书名、篇名、章节名称、专有名词、特定不可切割的概念等时，才允许将两个以上词语写在同一个线条上。对文章内容的重点笔记，也应尽量掌握一个语词的原则，让资料统整更具自由度与结构性。关键词的提炼和使用原则如图 3-8 所示。

图 3-8　关键词的提炼和使用原则

关键词尽可能不要用一句话来表示。使用句子的思维导图严格来说不能称为标准的思维导图，不能起到让人高效记忆、学习的效果。因为提取思维导图关键词的目的，是把烦琐的东西变得简单，即化繁为简。

练习

要求：用彩笔分别把下面6个句子的关键词划出来。

1. 人生不能缺少生涯规划。
2. 昨天不小心忘了带合同给客户。
3. 好员工的3个特质：诚实、守信、专业。
4. 乔布斯一手缔造了苹果公司的神话。
5. 我在书店参加了一场非常棒的思维导图沙龙。
6. 思维导图注重思维模式的优化、升级。

综合练习

认识百香果

百香果学名西番莲，因外形酷似鸡蛋而俗称"鸡蛋果"，原产安的列斯群岛，广植于热带和亚热带地区。百香果可作为水果直接生食，入药则具有兴奋、强壮之效。果瓤香甜多汁，加入重碳酸钙和冰糖，可制成芳香可口的饮料。种子榨油，可供食用和制皂、制油漆等。花大而美丽，可作庭园观赏植物。它有"果汁之王""摇钱树"等美称。

百香果思维导图

小贴士：可以选择 3 色荧光笔，用一种颜色划出一个级别分支的关键词，再把提炼出来的关键词绘制成一张思维导图。

百香果思维导图示例如图 3-9 所示。

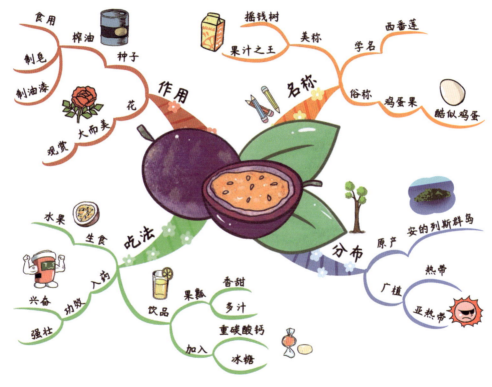

图 3-9　百香果思维导图示例

四、图像

在思维导图中使用图像的作用主要体现在以下两个方面（见图 3-10）。

- 思维导图是一个全脑思维工具。右脑负责图形思维，使用图像更能激发右脑的联想；另外，使用图像还有助于增强思维导图的趣味性和个性化，增加思考时间，促进思维发散，强化认知、理解和记忆。看到图像时，大脑会自然而然地引导视线停留、增强思考，间接帮助厘清思维导图各个分支之间的关联。

- 使用小图标有利于识别思维导图的重点信息。小图标可以帮助大脑进行信息过滤，从而更加高效便捷地找到所需的内容。

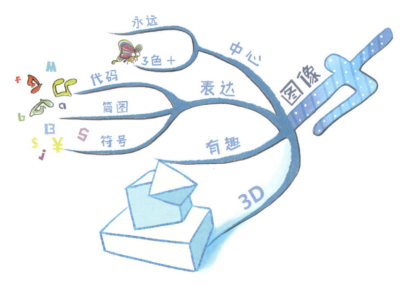

图 3-10　思维导图法则——图像

图像的使用方法如下。

位置：在特别重要的关键词旁边或上方加上图像，以突显重点。绝对不要到处乱加图像，否则容易失去焦点。

象征：在重点处加上的图像，必须能代表或让人联想到重点内容的含义，这样不仅有助于激发创意，更能强化对内容的记忆效果。

思维导图中的图像分为中心图和小图标，前者在思维导图的中心，后者在思维导图的分支上。中心图（见图3-11）可以放到关键词的旁边，也可以取代关键词。取代关键词的中心图又叫关键图。每个关键图或小图标都不应乱加乱画，因为加得太多反而容易失去焦点。因此，在一张思维导图中，可以给重要的信息适当地使用一些小图标。此外，所加的图像必须能够代表或让人联想到重点内容的含义。例如，爱心图像代表爱情；钱币图像代表金钱；钥匙图像代表开启智慧的大门，等等。常用关键图（图标）示例如图3-12所示。

图 3-11　中心图示例

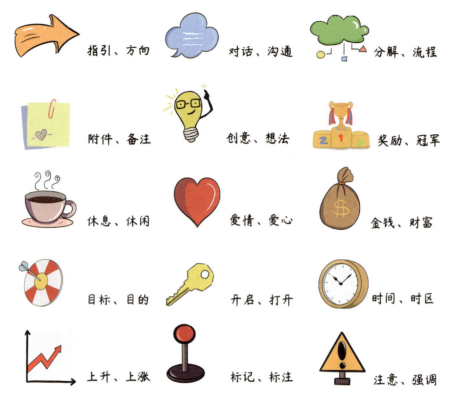

指引、方向　　对话、沟通　　分解、流程

附件、备注　　创意、想法　　奖励、冠军

休息、休闲　　爱情、爱心　　金钱、财富

目标、目的　　开启、打开　　时间、时区

上升、上涨　　标记、标注　　注意、强调

图 3-12　常用关键图（图标）示例

如果你经常使用思维导图，可以积累一些常用的中心图。例如，使用书本图像代表读书笔记；使用电脑显示屏图像代表"工作"；使用文件夹图像代表"工作策划"；使用纸张图像代表一天的计划，等等。这些都是比较简单的、容易画出来的中心图。有的人会使用一些漂亮、酷炫的中心图，甚至画出很多人物形象，其实没有必要这样做，因为会浪费太多时间，与利用思维导图提高效率的目的背道而驰。

下面是一个文图转化练习。给表 3-1 中的每个关键词设计一个小图标，然后快速画出来。

表 3-1 给关键词设计小图标

关键词	小图标	关键词	小图标
自由		目标	
财富		流程	
工作		时间	
计划		方法	
梦想		爱好	

常用小图标示例如图 3-13 所示。

图 3-13　常用小图标示例

五、颜色

给线条设置不同的颜色，除了可以在视觉上区分不同的主题、类别，还可以透过色彩来表达自己对某一主题、类别的感受，以此激发创意或强化对内容的记忆。在绘制思维导图时，图像应尽可能使用 3 种以上颜色，或者使用与线条、文字不同的颜色，达到吸引目光的目的，增强记忆效果。另外，需要注意的是，思维导图分支颜色的使用原则是"一类一色"，即每个一级分支后面的所有分支都需要使用与一级分支相同的颜色（见图 3-14）。

图 3-14　思维导图法则——颜色

使用颜色可以很好地提升人们的阅读、理解和记忆能力。具体来说，不同的颜色在思维导图中发挥不同的作用。例如，红色代表热情活泼、张扬喜庆；黄色代表辉煌、温暖、财富；蓝色代表永恒、理智、科技、纯净；绿色代表健康、环保、安全升级；紫色代表高贵、神秘、优雅、地位，等等。不同的颜色对大脑的刺激是不同的。在思维导图中正确地运用颜色，可以很好地传达所要表达的信息的内涵。

对不同颜色的心理学解读如图 3-15 所示。

图 3-15　对不同颜色的心理学解读

在思维导图中，颜色还有一个重要作用——思维识别。

假设你想在北京地铁线路图中找到地铁 13 号线，用黑白色版北京地铁线路图，需要耗费较长的时间；用彩色版北京地铁线路图，则能很快找到。可见，颜色能够帮助人们区分并快速识别不同的信息，而思维导图中分支的颜色也可以帮助人们把视线和思路带到某一区域，并对其进行快速分析。

六、结构

思维导图的发散性结构（见图3-16）与人类大脑神经元有着异曲同工之妙。因此，思维导图的发散性结构从一定意义上反映了大脑的自然思考模式。绘制思维导图，就是对大脑思考过程的呈现。思维导图结构以中心为基点，向四周发散，延伸出的每个分支层级，都可以让人们思考得更加清晰，更有逻辑性。

图 3-16　思维导图法则——结构

如图 3-17 所示为大脑神经元到思维导图的演变。

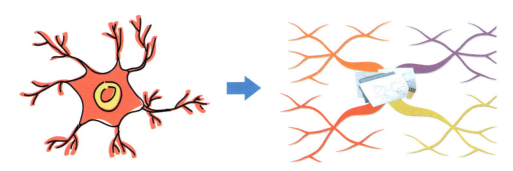

图 3-17　大脑神经元到思维导图的演变

思维导图关系结构有 4 种：总分关系、并列关系、递进关系、因果关系（见图 3-18）。

图 3-18　思维导图关系结构

1. 总分关系

思维导图的总分关系（见图 3-19）主要是"总分式"，即先用一个关键词概括该主要分支的核心内容，然后围绕这个关键词，从几个不同的方面加以叙述或说明。

2. 并列关系

并列关系（见图 3-20）可以描述相互关联的不同事物，也可以描述同一事物的不同方面，还可以描述同一主体的不同动作，即 A1、A2、A3 都属于同一层级。

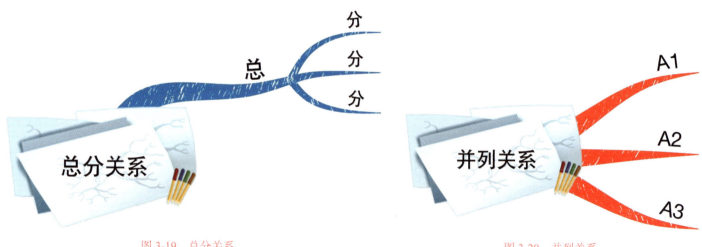

图 3-19　总分关系　　　　　　　　　　　　　　　图 3-20　并列关系

3. 递进关系

递进关系（见图 3-21）描述的是意义上的递进。思维导图的递进关系属于层层推进。一般来说，一级分支 A 属于大类，二级分支 B 是从 A 延伸出来的细类，三级分支 C 是从 B 深度延伸出来的具体要点。三者的重要程度为 A ＞ B ＞ C。

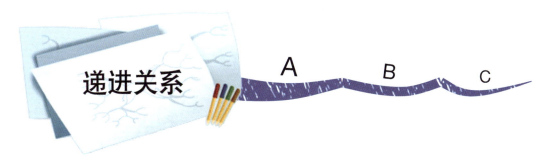

图 3-21　递进关系

4. 因果关系

原因在先、结果在后是因果关系（见图 3-22）的特点之一，原因和结果之间必须有必然的联系，两者之间是引起和被引起的关系。原因是指引起一定现象的现象，结果是指由原因引起的现象。

图 3-22　因果关系

根据上述 4 种关系，可以总结出常用的 4 种思维导图结构关系（见图 3-23）。

图 3-23　常用的 4 种思维导图结构关系

- 分类：思维导图最普遍采用的结构关系，也是最简单、最基本的结构关系。
- 因果：常用于问题分析，找到问题的根源。
- 时间：常用于工作、生活、学习中的时间管理或时间安排。
- 联想：用于进行思维发散，如强关联思维发散或弱关联思维发散。

第二节　思维导图的绘制四要素

　　为了让初学者快速学会绘制思维导图，本书提炼了 4 个思维导图绘制要素，分别是图像、颜色、结构、关键词（见图 3-24）。一张完整的思维导图只需要具备这 4 个要素就可以了。

图 3-24　思维导图四要素

要求：参考思维导图四要素，根据下面这篇文章绘制一张思维导图，画出 6 个一级分支，分别介绍茶的 6 个种类，在每个一级分支下的二级分支中分别选 2 ～ 3 个词，介绍该种茶的主要类型和代表产品。

茶 的 种 类

一、绿茶（清汤绿叶）

绿茶是我国产量最多的一类茶叶。我国绿茶花色品种之多居世界首位，每年出口数万吨，占世界茶叶市场绿茶贸易量的 70% 左右。

主要类型：蒸青绿茶、晒青绿茶、烘青绿茶、炒青绿茶。

代表产品：六安瓜片、太平猴魁、洞庭碧螺春、西湖龙井、信阳毛尖、安化松针、蒙顶雪芽等。

二、白茶

传统白茶是六大茶类中唯一不炒不揉、纯日晒而成的茶，因茸毛不脱、白毫满身而得名。

主要类型：白芽茶和白叶茶。

代表产品：白毫银针、白牡丹、贡眉、寿眉等。

三、黄茶（黄汤黄叶）

主要类型：黄芽茶、黄小茶和黄大茶。

代表产品：黄芽茶有湖南岳阳的君山银针、四川的蒙顶黄芽、安徽霍山的霍内黄芽；黄小茶有湖南宁乡的沩山毛尖、湖南岳阳的北港毛尖；黄大茶有广东的大叶青、安徽的霍山黄大茶。

四、青茶（绿叶红镶边）

青茶属半发酵茶，即制作时进行适当的发酵，使叶片稍有红变，是介于绿茶与红茶之间的一种茶类。它既有绿茶的鲜浓，又有红茶的甜醇。

主要类型：闽北乌龙、闽南乌龙、广东乌龙和台湾乌龙。

代表产品：闽北乌龙有武夷岩茶（大红袍、水仙、肉桂、铁罗汉、白鸡冠、水金龟）；闽南乌龙有铁观音、奇兰、黄金桂；广东乌龙有凤凰单枞、凤凰水仙、岭头单枞；台湾乌龙有冻顶乌龙、包种。

五、红茶（红叶红汤）

红茶加工时不经杀青，直接萎凋，使鲜叶失去部分水分，再揉捻，然后发酵，使所含的茶多酚氧化，变成红色的化合物。

主要类型：小种红茶、工夫红茶和红碎茶。

代表产品：小种红茶有正山小种、烟小种（金骏眉是正山小种茶的顶级品种）；工夫红茶有滇红、祁红、闽红、湖红、宁红；红碎茶有叶茶、碎茶、片茶、末茶。

六、黑茶

主要类型：湖南黑茶、湖北老青茶、四川边茶、滇桂黑茶。

代表产品：湖南黑茶有茯砖、黑砖、花砖、花卷、天尖等；湖北老青茶有青砖茶；四川边茶有康砖、方茶、圆茶；滇桂黑茶有云南普洱、广西六堡茶。

中国六大茶思维导图

中国六大茶思维导图示例如图 3-25 所示。

图 3-25 中国六大茶思维导图示例

第三节 手绘思维导图的步骤

第一步：在一张 A3 或 A4 纸的中央画一个中心图，代表中心主题，如图 3-26 所示。不要担心自己画不好，重要的是用一幅图作为思维导图的起点，因为图像可以激活你的想象力，启动你的思维。

第二步：绘制从中心图向外发散的第一个一级分支，如图 3-27 所示。绘制一级分支的一个方法是从中心图出发，画两条曲线，使它们在尾端连接。注意不要画直线，而要画弯曲的线条，因为弯曲的线条看起来更悦目，也更容易被大脑记住。

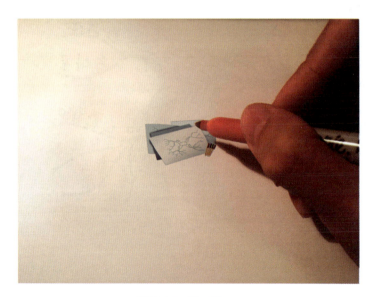

图 3-26 第一步

图 3-27 第二步

第三步：为一级分支涂色或画上纹路，如图 3-28 所示。

第四步：在每个一级分支上写一个与主题相关的关键词，这些就是你的主要想法（基本分类概念），如图 3-29 所示。虽然你可能会忍不住写短语或词组，但是在每个一级分支上写一个关键词，可以帮助你界定问题的本质，同时还可以使你的联想更加突出地存入记忆中。然后为相关的思想和联想添加二级分支，并写上关键词。

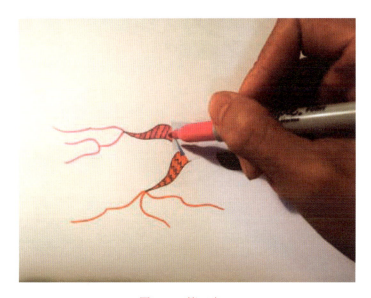

图 3-28　第三步

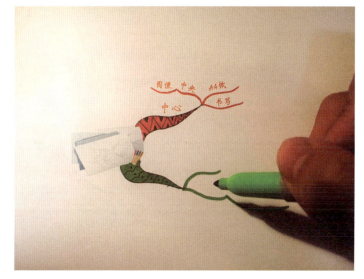

图 3-29　第四步

第五步：按照顺时针绘制下一条二级分支。为你的思维导图添加几条空白分支，预留一些线条，以便随时增加新想法，如图 3-30 所示。

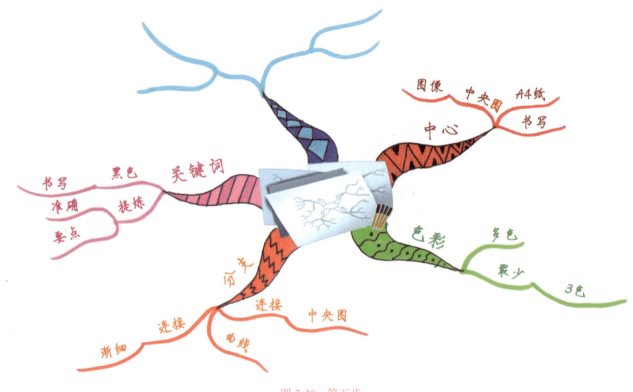

图 3-30　第五步

第六步：为增加的新想法绘制二级、三级分支，如图 3-31 所示。二级分支与一级分支相连，三级分支与二级分支相连，以此类推。在这一过程中，联想就是一切。你可以就某一情形提出以下问题，来为每个分支选择关键词：谁、什么、哪里、为什么、怎么样。

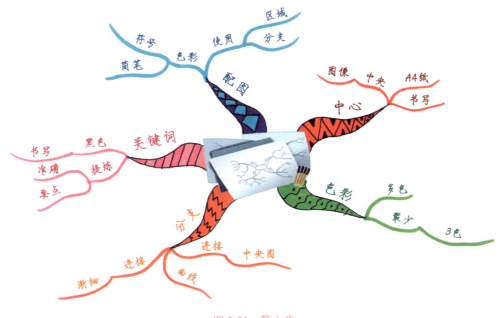

图 3-31　第六步

第七步：不仅中心思想要用图像表示，所有一级分支也要使用图像纹理，如图 3-32 所示。记住，"一图胜千言"，图像可以大大地强化记忆。

第八步：检查整体布局和内容，继续添加一些小元素以标注重点，直到完成你的手绘思维导图。

当你画完一幅思维导图时，是否就结束了呢？其实并没有，因为这时的思维导图只是一个最基础的模型，只是暂时把问题的基础层面展现了出来，可能当第二天遇到同样的问题时，你会产生新的想法和创意，这样你就可以在此基础上进一步思考、学习、创新，补充更多的分支。因此，在给思维导图布局的时候要留足空间，以便补充。

图 3-32　第七步

　　思维导图本质上就是把抽象的思维或思考过程可视化，建立一个思考模型。所有的思维导图都只是思考的模型、思维基础的种子，有了这个种子，你就可以根据自己的需求继续展开联想了。

手绘思维导图的重要性

① 锻炼动手能力，刺激大脑思考。

② 让思维更自然、活跃、顺畅。

③ 提高大脑对信息的敏感度。

④ 提升颜色识别与分析能力。

⑤ 提高手绘技巧。

⑥ 直接刺激大脑进行有效的想象与创造。

⑦ 集中注意力，强化记忆。

第四节　用软件绘制思维导图的方法

手绘思维导图可以不受时间、地点的限制，只要手上有纸和笔就能随时随地绘制。但手绘思维导图对初学者来说是一种考验，如果绘制不好，会影响整体布局和逻辑分布；如果想绘制较大的项目，会受到纸张大小的限制；如果不小心出错了，也不方便修改。

相比于手绘，使用软件绘制思维导图更加组织化与格式化，也更加适合制作大规模和繁杂的思维导图。用软件绘制思维导图，可以随意添加网络中的图片资源，在分支上可以加上任何想连接的信息，展示所有想要展示的信息，如项目管理、会议管理、头脑风暴等大项目分析整合。

目前，市面上有很多优秀的思维导图软件可以使用，下面介绍两款常用的思维导图绘制软件。

一、用 MindMaster 绘制思维导图

MindMaster 是一款跨平台、多功能的思维导图绘制软件，它可以帮助你快速成为思维导图设计能手。MindMaster 提供了丰富的智能布局、多样性的展示模式、精美的设计元素和预置的主题样式，被广泛应用于解决问题、时间管理、业务战略和项目管理等领域。MindMaster 的操作界面如图 3-33 所示。

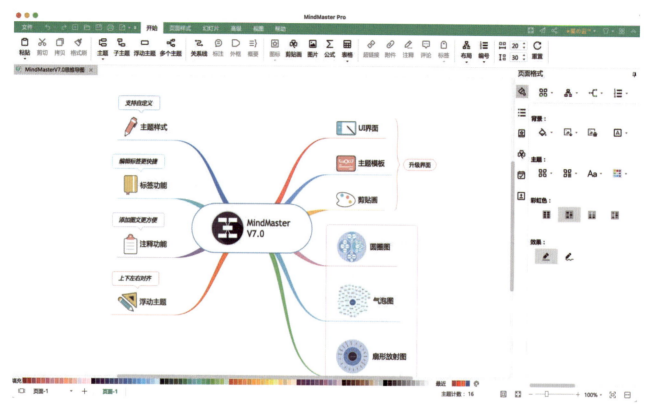

图 3-33　MindMaster 的操作界面

使用 MindMaster 创建思维导图的步骤如下。

第一步：创建一张空白的 MindMaster 思维导图。

运行 MindMaster 软件，选择左侧的"新建"菜单，单击"空白模板"栏中的"思维导图"图标，创建一张空白的

MindMaster 思维导图，如图 3-34 所示。

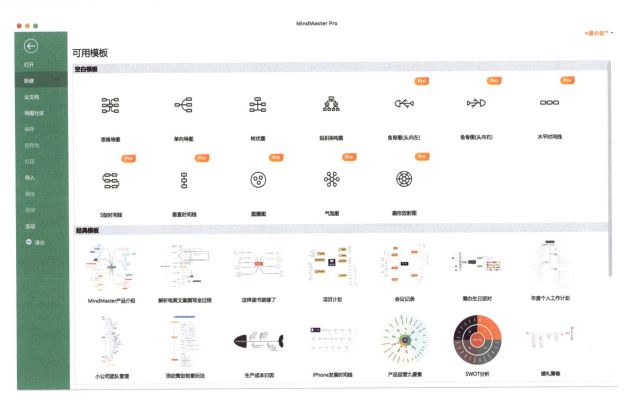

图 3-34　创建一张空白的 MindMaster 思维导图

第二步：编辑主题内容和样式。

双击文本，可以输入文字，编辑主题内容。选中主题，通过右侧工具栏设置形状、分支、字体等样式，如图 3-35 所示。

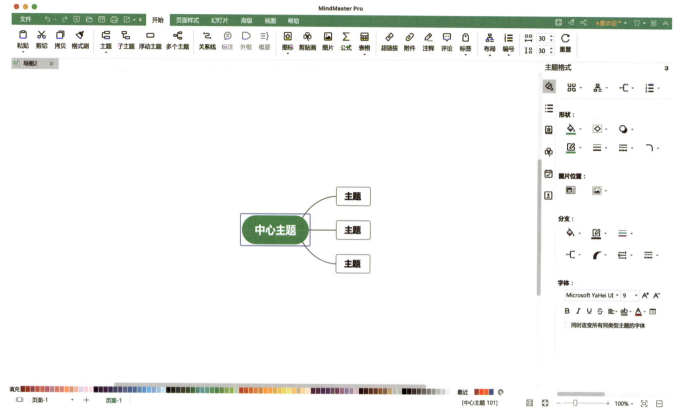

图 3-35　编辑主题内容和样式

　　第三步：保存并导出图片。选择"文件—导出—图片格式"菜单命令，选择合适的格式和保存路径将图片导出，最终得到一张完整的思维导图，如图 3-36 所示。

图 3-36　保存并导出图片

MindMaster 支持的电脑端和移动端环境如图 3-37 所示。

图 3-37　MindMaster 支持的电脑端和移动端环境

MindMaster 思维导图范例如图 3-38 和图 3-39 所示。

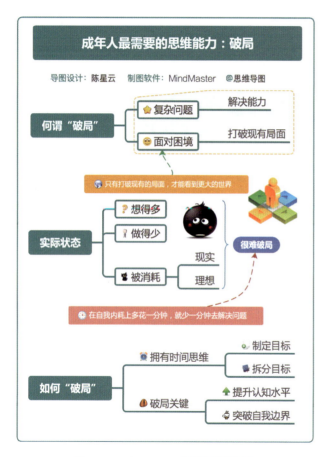

图 3-38　MindMaster 思维导图范例一

图 3-39　MindMaster 思维导图范例二

二、用 iMindMap 绘制思维导图

iMindMap 是思维导图创始人东尼·博赞联合英国 OpenGenius 公司开发的一款能与手绘相媲美的思维导图绘制软件。使用 iMindMap 创建思维导图的步骤如下。

第一步：创建一张空白的 iMindMap 思维导图。运行 iMindMap 软件，选择"MindMap"视图菜单，创建一张空白的 iMindMap 思维导图，如图 3-40 所示。

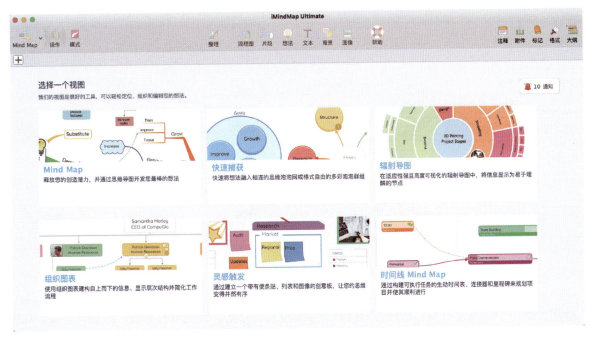

图 3-40　创建一张空白的 iMindMap 思维导图

第二步：制作思维导图。

选择你喜欢的中心图，把光标放在中心图上，直至中央位置出现红色和橙色相间的图形，单击中心红色图标，或者选中中心红点后拖曳完成思维导图分支的制作，如图 3-41 所示。

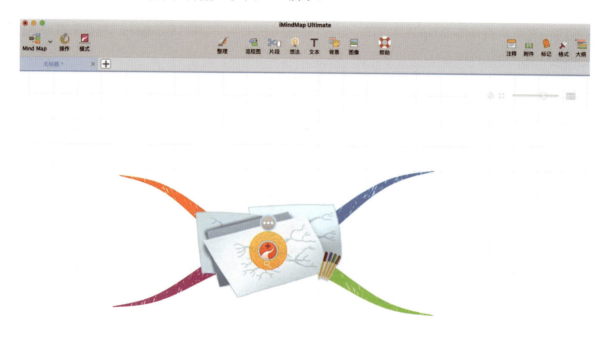

图 3-41　制作思维导图

第三步：选中分支，单击鼠标右键，在打开的列表中可编辑艺术分支、转换中心主题、添加背景等，如图 3-42 所示。

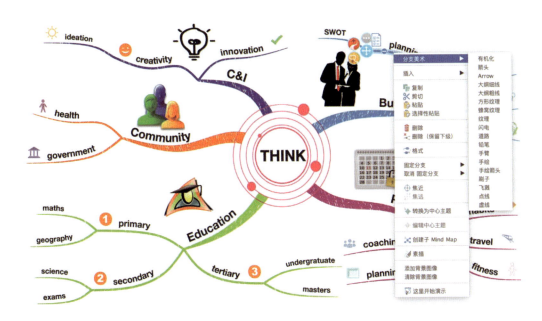

图 3-42 调整思维导图

第四步：导出思维导图。

选择"文件—导出—图像"菜单命令，选择合适的格式和保存路径导出思维导图，如图 3-43 所示。

图 3-43　导出思维导图

iMindMap 儿童版思维导图绘制软件

iMindMap 的儿童版 iMindMap Kids 是我个人比较推荐的一款适合青少年使用的思维导图绘制软件，该软件的界面非常符合青少年的审美，操作起来非常简单。目前该软件只支持苹果 iPad 使用。

下载方法：进入 iPad 的 App Store，搜索 iMindMap Kids 后可免费下载，如图 3-44 所示。

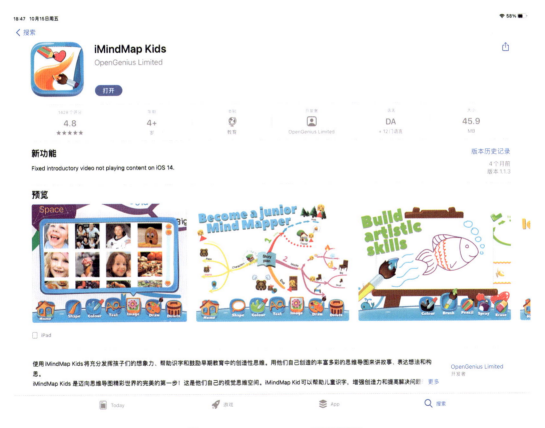

图 3-44　iMindMap Kids 下载界面

iMindMap Kids 操作界面如图 3-45 所示。

图 3-45　iMindMap Kids 操作界面

iMindMap 思维导图范例如图 3-46 和图 3-47 所示。

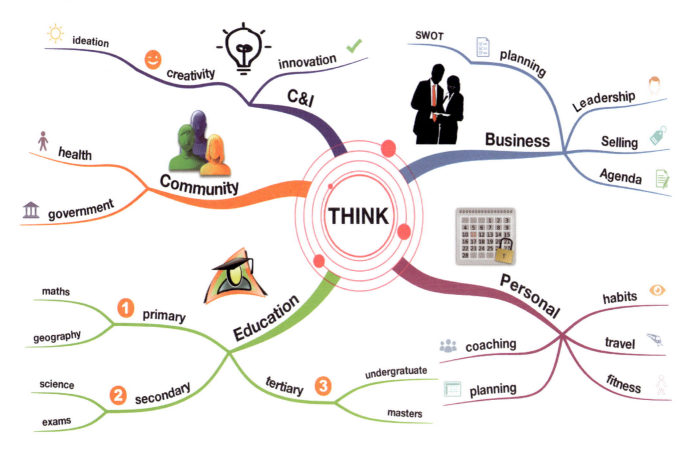

图 3-46　iMindMap 思维导图范例一

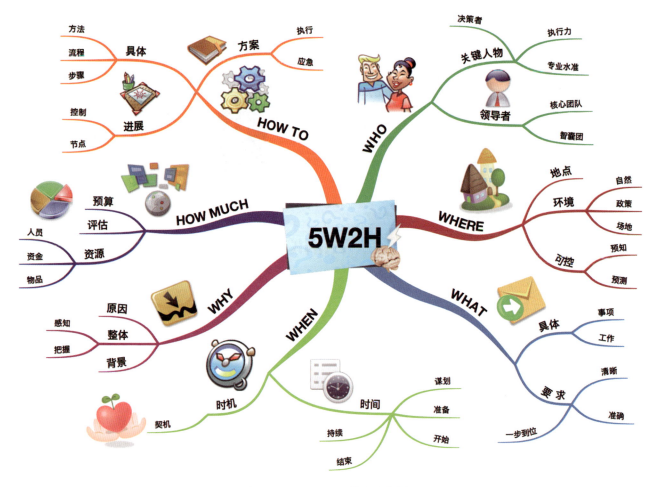

方法
流程
步骤
具体

控制
进展
节点

方案
执行
应急

HOW TO

决策者
关键人物
执行力
专业水准

领导者
核心团队
智囊团

WHO

预算
评估
资源
HOW MUCH

人员
资金
物品

地点
环境
自然
政策
场地

可控
预知
预测

WHERE

5W2H

原因
整体
背景
WHY

感知
把握

时机
契机

WHEN

时间
谋划
准备
开始
结束
持续

WHAT

具体
事项
工作

要求
清晰
准确
一步到位

图 3-47　iMindMap 思维导图范例二

第五节　绘制思维导图时常见的错误

思维导图的视觉特点是图文并茂。如果只用文字表达，就无法强化信息，不利于大脑的阅读；如果只用图像，也不能清晰地反映信息。图文并茂既可以强化信息，又可以清晰地反映信息。

然而，很多人在绘制思维导图时都容易犯错误，导致传递的信息很混乱，从而无法让思维导图发挥真正的作用。因此，在绘制思维导图时，要避免以下错误。

一、中心图不符合规则

这一错误主要表现为：

- 中心图位置偏移，不在纸张的中央位置；
- 中心图尺寸偏大，导致分支的延伸空间不够；或者尺寸偏小，不够突出；
- 中心图设计得过于简单，有的甚至只是画一个圆圈或方框，没有图形设计，不能表达主题思想；
- 中心图颜色单调，缺乏美感。

二、分支线条杂乱

分支线条过于杂乱，会使整张思维导图显得没有条理，主次层级混乱，给人带来较差的视觉体验。初学者在绘制分支线条时，往往容易犯以下几个错误：

- 一级分支和二级分支没有粗细之分，体现不出层级感；
- 同级的分支线条长短、粗细不一，缺乏协调性和美感；
- 分支线条延伸的子分支没有统一端口，随意分叉；

- 分支线条绘制得不流畅，没有生命力；
- 分支线条垂直向上或垂直向下，缺乏美感。

三、颜色使用不当

颜色在思维导图的绘制过程中起着画龙点睛的作用，正确使用颜色可以让思维导图更加生动形象，更有生命力。如果颜色使用不当，则会使思维导图的视觉效果显得混乱，影响思维导图的整体设计效果。常见的颜色使用错误有：

- 中心图颜色单调；
- 分支线条颜色错杂；
- 关键词的颜色多样；
- 颜色暗淡。

四、关键词提取错误

在图文并茂版思维导图中，不同分支上的关键词提取是非常重要的。靠近中心图的关键词表示主干内容的核心思想，不同层级分支的关键词的层级关系也不同。关键词如果没有提取准确，整张思维导图的思想表达就会出现偏差，或者没有重点。常见的关键词提取方面的错误有：

- 关键词是个长句；
- 关键词提取主次不分；
- 关键词的书写位置偏移。

五、思维逻辑不清

不管是全图版思维导图还是图文并茂版思维导图，不仅要满足思维导图四要素（图像、颜色、关键词、结构），在图像内容的呈现上也要逻辑清晰，不能随心所欲，想画什么就画什么，想写什么就写什么。一张有内容的思维导图，首先设计者自己要看得懂，其次别人也要看得懂，这就要求图像、分支之间的结构关系清晰。常见的逻辑方面的错误有：

- 结构混乱，主次颠倒；
- 归类杂乱，概念不清。

六、布局结构失衡

思维导图的布局结构要在视觉上给人舒适、完整、平衡的感觉，如果布局上左右倾斜，内容颜色深浅不一，结构错乱，作品的质量就会大大降低。就好比一个人穿的衣服、鞋子质量都很好，但是不搭配，这个人整体就会显得不协调，给人很奇怪的感觉。常见的布局结构方面的错误有：

- 文字书写位置不正确，文字不在线条上；
- 内容左右失衡，左重右轻或左轻右重；
- 分支与分支间的间隔过小。

另外，初学者在绘制思维导图时还容易犯思维角度错误，就是把绘制思维导图等同于绘画，觉得自己绘画水平不高，就无法学会绘制思维导图。其实，在绘制思维导图时，只需要积极动手，不必苛求画得像美术作品一样，只要能清晰地表达内容就行。

本章自我实践

按照手绘思维导图的步骤，绘制"思维导图四要素"思维导图。

思维导图评分标准如表 3-2 所示。

表 3-2　思维导图评分标准

评分项目	评分标准	5	4	3	2	1
一、主题焦点的呈现	1. 能清楚地表达一个中心主题	☐	☐	☐	☐	☐
	2. 能善用图文并茂的规则	☐	☐	☐	☐	☐
	3. 主题使用 3 种以上颜色	☐	☐	☐	☐	☐
	4. 主题等比例放置在纸张正中间	☐	☐	☐	☐	☐
二、整体结构的呈现	5. 纸张运用恰当	☐	☐	☐	☐	☐
	6. 层次分析清楚，标题顺序明确	☐	☐	☐	☐	☐
	7. 善用组织图与分类法	☐	☐	☐	☐	☐
	8. 以正楷书写，每个分支只用一个关键词	☐	☐	☐	☐	☐
三、线条的应用	9. 线条、分支的长度与搭配的文字、图像等长	☐	☐	☐	☐	☐
	10. 线条粗细比例使用恰当	☐	☐	☐	☐	☐
	11. 关键词与图皆置于线条上	☐	☐	☐	☐	☐
	12. 线条自然流畅	☐	☐	☐	☐	☐
四、颜色的应用	13. 分支使用 3 种以上颜色	☐	☐	☐	☐	☐
	14. 运用颜色突显重点	☐	☐	☐	☐	☐
	15. 运用颜色表现个人风格	☐	☐	☐	☐	☐
五、联想技巧的运用	16. 图像的运用技巧	☐	☐	☐	☐	☐
	17. 思路自由而不混乱	☐	☐	☐	☐	☐
	18. 关键词选用恰当	☐	☐	☐	☐	☐
	19. 善用关联性技巧	☐	☐	☐	☐	☐
	20. 展现创造力	☐	☐	☐	☐	☐
	总分合计					

"思维导图四要素"思维导图

第四章

思维导图让学习事半功倍

第一节　用思维导图背诵、记忆

学习的最低层次目的，就是记与忆，即能够记住所学的东西，能够回想起所学的东西。学习的更高层次目的，是形成心理表征，这是记，把知识变成自身的一部分，跟自己联系起来，继而根据心理表征做推理思考，这是应用，也是忆。

背书可以说贯穿人们整个学习生涯的始终。许多知识只有记住了，才能在考试中灵活运用。例如，在公务员考试中，"行政职业能力测验"是必考科目之一，主要测验报考者应知应会的基本知识及运用这些知识进行分析判断的基本能力。测验内容主要包括对国情社情的了解程度、综合管理基本素质，涉及的内容纷繁复杂，属于考试的重难点部分，如果没有一套好的方法，很容易出错。

本书将介绍一种高效的背书法，帮助你解决"背书记不住，背完就忘"的难题，让你掌握大脑记忆的精髓。

在学习过程中，一般有两种背诵模式，一种是原文背诵，另一种是意义性背诵。原文背诵就是需要你完全精确地背诵，如背段落、背古诗词、背法条等。意义性背诵则不要求完全精确地背诵。例如，学习历史、地理或政治时，你记住的东西只要在意义上和书中内容相同就可以了，文字上的小差异并没有关系。一般来说，这种只需要意义性背诵的知识内容特别多。这两种完全不同的背诵模式，应该选择完全不同的记忆方法。

意义性背诵要想背得快、背得牢，需要记住两点：第一，背关键词，而不是整段话；第二，背框架，而不能只背知识点。针对这两点，分别有两种记忆方法。

一、关键词记忆法

关键词记忆法就是抓住主要内容，紧扣关键词语，把较繁杂的知识内容加以概括和压缩来进行记忆的一种方法。运用关键词记忆法，只要牢记要点，结合联想，并加以必要的扩充，就能较全面地再现知识内容。经过概括和压缩的知识内容微言大义，可以轻松记忆。关键词记忆法本质上是一种归纳文章中心思想的方法。

在背诵考试内容时最常用的是关键词记忆法。很多学生在背这种知识时，喜欢先背完一段，再背下一段，常常下一段会背了，上一段又忘了，来来回回怎么也背不完，效率极低。究其原因，是使用了错误的方法。正确的方法是"背关键词"。在文章中，一个知识点常常包含几个要点，一个要点就是一句话，在这句话里，可以找到一个关键词。大脑中只要想出了这个关键词，就可以自行扩充整句话。通过阅读，在熟悉了所有知识内容后，凭着大脑关联的知识框架，就能联想出部分要点。只有那些联想不出的要点，才真正需要你付出努力来记忆。因此，做标记时，一般都是先找出关键词，标记好，然后编上编码。做标记是为了方便下一次复习或背诵时迅速定位到重点和关键词。建议不要通篇做标记，避免把整段话都标注出来，否则会对大脑造成干扰。

以下以《中英北京条约》的内容举例说明。

《中英北京条约》的主要内容如下。

除确认《中英天津条约》仍然有效外，英国又扩大了如下侵华权益：

- 《中英天津条约》中规定的赔款增加为白银 800 万两，外加恤金白银 50 万两；
- 增开天津为商埠；
- 准许外国商人招募华工出洋工作，充当廉价劳工；
- 割让广东新安县（今香港界限街以南）的九龙半岛（九龙司）给英国。

以上这些内容看上去不是很多，但如果死记硬背，就很容易跟其他类似的知识点记混，从而使背诵效率极低。

运用思维导图提升记忆的具体操作方法如下。准备一支笔。先通读一遍《中英北京条约》的主要内容，再把关键词写下来，如"赔款""华工输出""割让土地""开放商埠"。在这个过程中，你要记住的是一共有几个要点，每个要点的关键词是什么，再把这些关键词梳理成一张思维导图（见图 4-1），借助思维导图进行理解记忆。因为是意义性背诵，所以在答题时，答案不用和原文一模一样，这时，你就可以根据你的知识网（思维导图）中的关键词来扩充句子了。

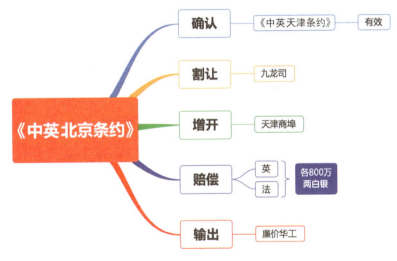

图 4-1 《中英北京条约》中关键词的思维导图

关键词记忆法有两个特点：一是背得特别快，效率极高；二是不容易落下要点，因为考试中一般都是按要点给分的。这样的背诵方法特别实用。

《中英北京条约》的图文版思维导图如图 4-2 所示。

图 4-2 《中英北京条约》的图文版思维导图

二、框架记忆法

很多人都遇到这样的问题：虽然把整本书的知识全都背了一遍，但仍然不知道这本书在讲什么，内在逻辑是什么。考试时，题目形式稍微换一下，就不知道应该答什么了，只能将自己背过的内容一一罗列出来，而对于一些看不懂的题目，只能胡编乱造一通。到底是哪里出了问题呢？其实，这是因为知识尚未在脑海中形成体系。如果想真正地记住知识，那么你的脑海里一定要形成一个知识网络，而不是一个又一个的知识点，你要把这一个个知识点连成一张网，绘制成思维导图。经过这样的长期积累，你的大脑中就会形成一个知识框架。在考试前，你可以利用目录、提纲或关键词，在大脑中把已经背过的知识全部过一遍，从而在考试时应付自如。

如图 4-3 所示是费曼学习法的思维导图。其实，一本书的框架就藏在它的目录里。在背一本书之前，你要先把这本书的框架整理一下，弄清楚每章都在讲什么，然后再去背这本书。这样，你就会发现每个知识点都能与整理好的框架相对应，而且你知道每章都在讲什么，有哪些内容需要背。如此来，你就能很快搞懂整本书的逻辑了。

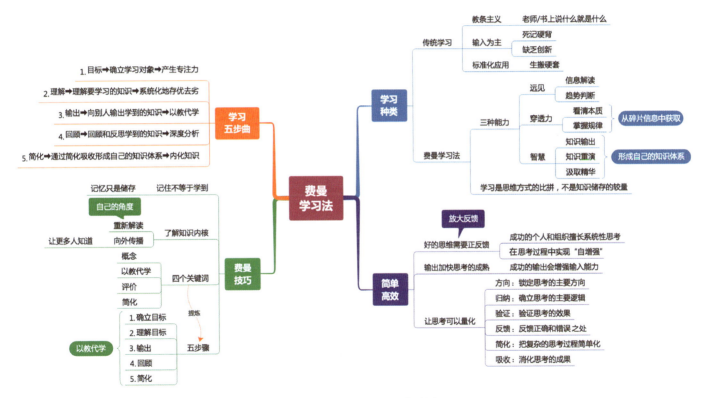

图 4-3　费曼学习法的思维导图

要想将知识应用起来，就一定要搞清楚它的上下文。因为只有把知识放置在上下文之中，才会创造一个整体的情境，一旦在考试题目中出现相应的情境，你就能从上下文中联想到相应的知识。因此，你可以为大部分知识设立一个知识网络框架，也就是把它们整理成思维导图，这样只要记住其中一个知识点，就可以通过分支内容"导出"与之相邻的其他知识点。另外，在记东西时，可以先记大的要点，也就是思维导图一级分支的内容，再深入地记每个小的要点，也就是思维导图中二级分支的详细内容。

"知识组块"思维导图如图 4-4 所示。

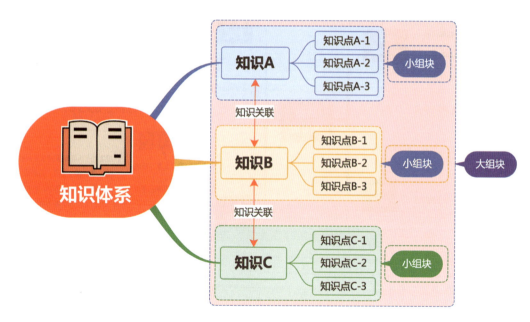

图 4-4 "知识组块"思维导图

研究发现，人类的眼睛就像摄像机，会将看到的所有信息存储在大脑里。但在日常生活中，为什么有的事情你会记不起来？因为在日常生活中，大脑收到的信息太多，而大部分信息对大脑来说只是一个短期记忆，导致你觉得自己记忆力不好了，容易忘记东西。事实上并不是因为你没记住，而是由于缺少回忆线索，所以你就回忆不起来了。就像你在大街上遇到一个多年没见的小学同学，他认出了你，你却没有认出他。但如果他给你一些信息，如"你是小学三年级班里的语文课代表""某次你因为没交语文作业，我报告给老师，你被罚站"等一些让你印象深刻的关键点，那么你可能马上就能想起来了，这就是回忆线索。

每条信息都有固定的去处，这就是信息定位。当你需要某条信息时，如果定位不准确或错误，信息提取就会失败。思维导图可以帮助你快速梳理信息的位置，进行准确的提取。

所有的信息都需要回忆线索，放在固定的位置，这样才能提取出来，这就像需要筷子会去厨房，需要被子会去卧室，需要看电视会去客厅一样。信息必须通过有效的管理才能学以致用。思维导图就是一个很好的信息管理工具。要想真正地学好思维导图，除了要从宏观角度认识思维导图，还要从技巧和应用的角度对它进行更深入的理解。

 练习

把《辛丑条约》的内容制作成思维导图。

《辛丑条约》

1. 清政府向各国赔款 4.5 亿两白银，价息合计超过 9.8 亿两白银，并以关税和盐税等作为抵押；

2. 划定北京东交民巷为使馆界，允许各国驻兵保护，不准中国人在界内居住；

3. 拆毁天津大沽口到北京沿线设防的炮台，允许列强各国派驻兵驻扎北京到山海关铁路沿线要地；

4. 清政府保证严禁人民参加反帝运动；

5. 外国认为各个通商章程中应修之处或其他应办的通商事项，清政府概允商议；

6. 惩办"首祸诸臣";

7. 改总理各国事务衙门为外务部，班列六部之前;

8. 清政府向德、日两国道歉。

《辛丑条约》思维导图

第二节　用思维导图高效地阅读、写作

一、结构化思维写作

近年来，知识付费逐渐被大众认可和接受，越来越多的人希望能在互联网平台输出内容，通过自媒体实现多维度变现，因此很多人都想学习写作。那么，作为一名自媒体运营者，如何快速、高效地从互联网中提炼出有价值的信息，并结合自身的知识储备和认知，创作出有价值的文章，从而获取更多流量呢？

"结构化思维写作"思维导图如图 4-5 所示。

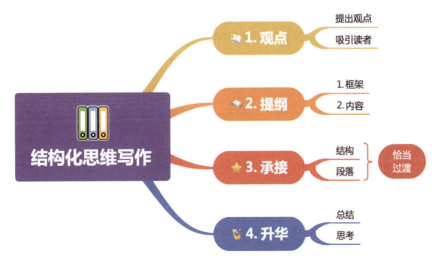

图 4-5　"结构化思维写作"思维导图

一篇优秀的文章，就像一棵茂盛的大树，文章的框架是大树的主干，内容是大树的树叶，核心亮点是大树的果实。设计一个完整的框架，就等于大树长好了主干，接下来就是开枝散叶，把文章的素材放在合适的位置。

结构化思维写作的思维导图绘制步骤如下。

第一步：画一个中心图，代表文章的主题。

第二步：选择合适的基本分类概念，把它们当作一级分支或主要子项。在这个步骤，把精力集中在需要处理的主题或需要解决的问题上。

第三步：放开思路，增加一些信息，或者提出你想说明的观点，只要这些观点在思维导图中看起来是最合适的即可。从基本分类概念中衍生出来的一级分支和事项的数目没有限制。在这个步骤，使用一些代码（颜色、符号或两者都用）来指示前后参照或不同区域之间的联系。

第四步：编辑并重新调整思维导图，使其成为一个连贯的整体。

第五步：起草第一稿，把思维导图当作一个框架。一张有组织的思维导图可以提供给你所有主要章节的内容、每个章节涉及的一些主要观点，以及这些观点之间相互联系的方式。在这个步骤，你应该尽量快速地往下写，跳过任何可能引发疑问的地方，特别是一些有关词汇和语法结构方面的麻烦。这样一来，你的思维就会更加流畅，而且最后你总能找到一些"问题区域"，这跟你平常读书的习惯一样。

第六步：如果你遇到了思维突然僵硬的情况，那么另画一张思维导图有助于解决这个问题。在很多情况下，光是画一个中心图就足以让你重新打开思路了。如果你又一次感到思维僵硬，可以在关键词和已经画好的图形上再画一些线条。这样，你大脑的天然完整倾向或整体倾向会让你用新的词汇和图像来填充空白处。

第七步：复习整张思维导图，再把文章余下的部分做完，以增加一些交叉参考的内容，用更多的证据或引语来支持自己的观点，修改或在合适的情况下扩展自己的结论。

"写作框架"思维导图如图 4-6 所示。

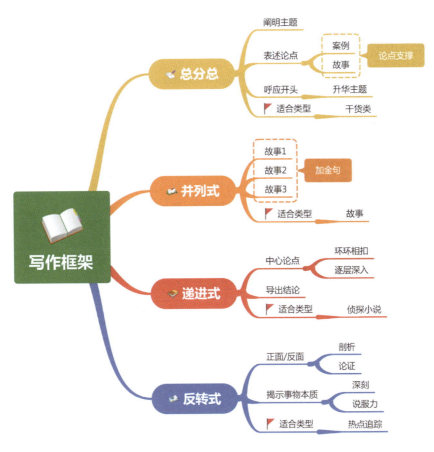

图 4-6　"写作框架"思维导图

二、思维导图读书笔记法

人们除了在职场学习、考试中需要阅读理论性比较强的书，日常阅读的图书并没有太难的内容，大部分内容并不需要进行深刻的思考，更多的是需要人们进行梳理。因此，不管是阅读理论性强的图书还是日常阅读，我都建议大家养成随时做思维导图式笔记的习惯。阅读是为了求知，不要进行无效阅读，而要进行有目的、高效率的阅读。为了帮助大家更好地阅读、吸收、理解更多的知识，我把常用的思维导图读书笔记法总结成 4 类，如图 4-7 所示。

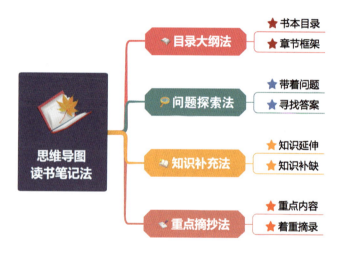

图 4-7　常用的思维导图读书笔记法

1. 目录大纲法

该方法直接、简单，基本上思维导图的框架（一级主题和二级主题）就是书籍中的一级和二级目录。使用目录大纲法的主要目标是将书籍中的框架用思维导图呈现出来，一边阅读一边做内容填充。就像画一棵大树，先把树干画出来，然后慢慢地把分支脉络延展出来，最后一点点地把树叶画上去。

2. 问题探索法

带着问题阅读，把需要解决的问题列成思维导图框架，在阅读的过程中带着问题做标注。有些问题可能在某些章节就能直接找到答案，有些问题可能需要通读全文才能理解，或者需要阅读后有所启发、感悟，把自己的认知转变成能理解的关键词，把内容逻辑层次梳理清楚，最后用思维导图的形式呈现出来。

3. 知识补充法

以本书为例。你可能以前阅读过类似的书籍，也做过相应的思维导图，在你的大脑知识系统中，已经有了一部分相关的内容，你阅读本书是为了补充你的知识系统，或者是为了升级自己的知识和认知。你可以打开之前做过的思维导图笔记，一边阅读一边整理，把当下阅读的内容和原有的知识进行融合，同时也会得到一些新的启发，从而延展出一些新的感悟和认知。需要注意的是，在做这类知识补充型思维导图时，建议你使用软件来制作，这样更便于延展补充，如果使用手绘思维导图，增减内容时会相当麻烦。

4. 重点摘抄法

如果你读书并不是为了了解作者的创作思路或思维框架，只是想了解其中的某些重点内容，那么你就可以跳跃地阅读某个章节、段落，把章节或段落中需要重点记录的内容提炼出来，整理后绘入思维导图。

另外，你还可以根据不同人群的使用场景和学习需求来整理思维导图笔记。

- 小学生可以先通读全文，针对一些重要的知识点和对文章的感想，利用思维导图进行呈现。上课时，可以一边听老师讲解，一边把老师重点讲解的知识点绘制成思维导图。

- 学校老师可以在课前使用思维导图备课，这样在课堂上就能让学生更好地跟随自己的讲解思路，掌握这堂课的知识脉络。

- 职场人士在阅读时可以在书籍的空白处画一些"迷你"思维导图，或者在每个章节后面的空白处，把该章节的重点内容绘制成思维导图，最后整合全文或全书的章节思维导图，组合成一张全书读书笔记思维导图。

根据艾宾浩斯记忆原理，你需要经常回顾一些有价值的知识，这样在下次进行知识复习时，你只需要拿出这些读书笔记思维导图就可以了。当你回头看这些思维导图时，如果还有新的感受，也可以在思维导图上进行内容延展和补充。如果你去参加读书会，要向大家分享读后感，就可以拿着这些思维导图笔记进行分享。

接下来，你可以练习用思维导图做读书笔记。

前期工具准备：书、A4 纸、彩笔、安装好思维导图绘制软件的电脑。

阅读前的 4 点建议：

- 从封面的标题、副标题中了解中心主题；

- 通过目录和序言了解整本书的核心内容；

- 划出有感触的句子，用荧光笔把关键词划出来；

- 做读书笔记，整合每个章节的核心内容，把提炼出来的关键词、句子画成思维导图。

通用版读书笔记思维导图整理步骤如下。

第一步：读封面、书名、副标题、作者。

第二步：绘制 / 制作中心图并写上书名。

第三步：读前言，作者一般会在前言里写下整本书的核心观点，然后提炼前言里的关键点作为读书梗概。

第四步：读目录，回顾整本书的内容，把每个章节的主标题作为一级分支，再把小标题列出来作为二级分支。

第五步：标题转问题，根据所有的标题，结合自己的认知提出问题，作为三级分支。

第六步：精简提炼，带着问题在书中找答案，这时候就不需要再从头到尾看一遍书了，把列出的答案单独制作成一个主分支，写出读书总结或读书感受。

手绘版读书笔记思维导图整理步骤如下。

第一步：看目录，回顾整本书的内容，对于这张读书笔记思维导图设计几个一级分支有一个大概的了解。

第二步：在纸上起草思维导图框架，根据分支数量设计版式。

第三步：画出中心图，写出中心主题。可以上网搜索一些与主题相似的图片作为中心图，或者平时整理一套常用的中心图以备使用。另外，一定要给中心图添加好看的颜色，一张思维导图的完美呈现与中心图的颜色有很大的关系。

第四步：用彩笔画出分支，注意每个分支尽量都用曲线，不要用直线，每个分支及其下级分支都使用同一种颜色。

第五步：用签字笔在分支上写文字，尽量沿着曲线的弧度书写。

第六步：在部分文字旁边加上一些可视化的图标，便于记忆和视觉检索。

关于思维导图的一些示例如图 4-8 和图 4-9 所示。

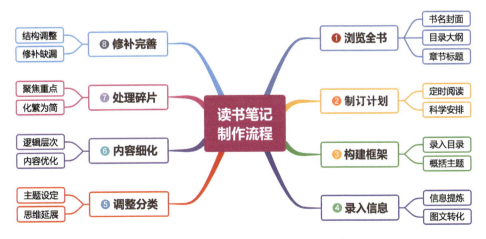

图 4-8　"读书笔记制作流程"思维导图

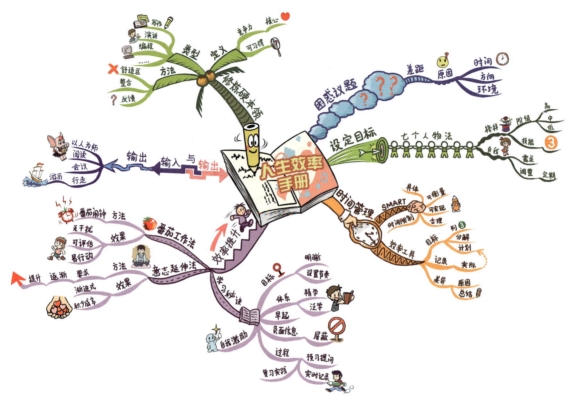

图 4-9 《人生效率手册》读书笔记

　　经常使用思维导图做读书笔记能帮助你培养归纳总结、提炼要点的能力。在知识输入过程中，大脑会反复思考哪部分是重点，怎样用更简练的信息将其输出。当你读完一本书，并且做成一张思维导图笔记后，还需要做一次深度思考，然后将这个思考过程重复一到两遍，这时候你会发现这种读书方法会比普通的读书方法更加有效。

挑选一本自己喜欢的图书，阅读后根据图书内容绘制读书笔记思维导图。

读书笔记思维导图

第五章

思维导图让工作得心应手

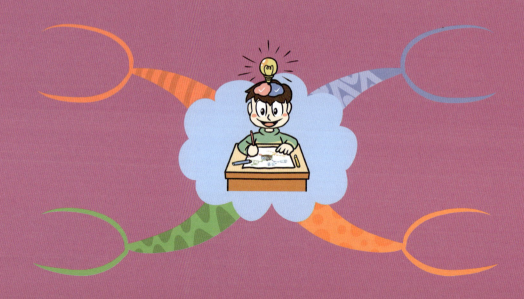

第一节 用思维导图做工作记录

用思维导图做工作记录（如会议管理、演讲记录等），可以更加清晰地梳理思考过程和工作成果。

一、用思维导图做会议管理

在参加会议或计划开会时，可以在会前使用思维导图来做会议管理，整合会议的相关信息，如会议内容、会议大纲、会议问题等。

如图 5-1 所示的会议管理思维导图，可以帮助你学习如何用思维导图做会议管理。

图 5-1 会议管理思维导图

1. 设定管理框架

使用思维导图做会议管理时，应先设定一个中心主题，再设置 4 个一级分支的框架，包括基本信息、参会人员、会议内容、实施行动，如图 5-2 所示。

图 5-2　设定管理框架

2. 基本信息

基本信息有两个二级分支：时间分支，包括会议开始时间和结束时间；场地分支，包括需要准备的设备（如投影仪、麦克风、电脑）和地点（写出会议室的名称）。基本信息的思维导图如图 5-3 所示。

3. 参会人员

在参会人员一级分支下列出内部人员和外部人员两个二级分支，把内部人员的名字全部列在三级分支上，在四级分支上分别列出他们的部门、岗位；外部人员则列出所在公司、部门、岗位。参会人员的思维导图如图 5-4 所示。

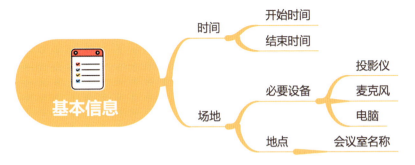

图 5-3　基本信息的思维导图

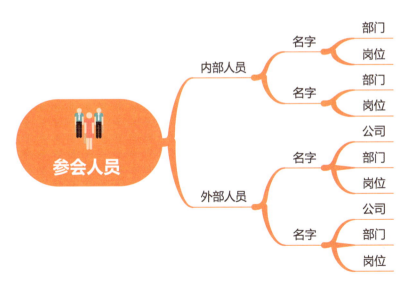

图 5-4　参会人员的思维导图

4. 会议内容

在会议内容这个一级分支上可以记录这次会议的内容，包括：会议纪要，如时间分配、解决方案等；未解决问题，如果此次会议有一些未能解决的问题，可以暂时单独列出一个分支将其记录下来。会议内容的思维导图如图 5-5 所示。

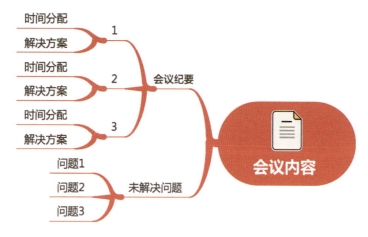

图 5-5　会议内容的思维导图

5. 实施计划

当确定实施一些项目时，可以列出这些项目的执行人或负责人，以及执行时间和执行方案。实施计划的思维导图如图 5-6 所示。

二、用思维导图做演讲记录

思维导图其实是一种个性化的记忆方式。所谓个性化的记忆，就是用于制作思维导图的信息，是你最了解、最能够向别人传达和解读的信息。做演讲时，你可以直接把演讲内容转换成思维导图，快速地梳理演讲的全部内容，如图 5-7 所示。

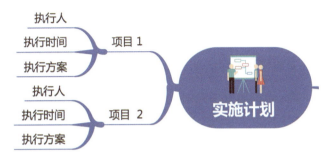

图 5-6　实施计划的思维导图

图 5-7　演讲思维导图

第二节 用思维导图做自我分析

一、用思维导图做个性化的自我介绍

自我介绍是你向别人展示自己的重要手段，决定了别人对你的第一印象。那么，如何更好地、更全面地向别人展示你的特点和亮点呢？不妨试试思维导图。全图版自我介绍思维导图示例如图 5-8 所示。全图版思维导图基本上没有太多的文字，每个分支、主题、内容都用图形表示。

图 5-8　全图版自我介绍思维导图示例（作者：陈旭）

通过图 5-8 可以得到哪些信息呢？中心图是一个女孩，右手拿着调色盘，左手拿着画笔，从中心图可以直观地判断出，这个女孩要么是一名绘画爱好者，要么是一名绘画从业者。

中心图右上角第一个一级分支被设计成绿色的藤蔓，如图 5-9 所示。从图中能看出哪些关键信息呢？第一个二级分支上的关键图是一个天平，代表她是天秤座；一只小鸟叼着一根橄榄枝，代表平和的内心；第二个二级分支上画了一个戴着学士帽的小人儿，后面的三级分支上画了一个正在专注地绘画的卡通人物，代表她是学美术专业的，喜欢画画。第三个二级分支上画了一个小女孩，上面标注了她的身高、体重，所以这条绿色的一级分支呈现了作者的基本信息。

图 5-9　第一个一级分支：绿色的藤蔓

第二个一级分支是红色的丝带，如图 5-10 所示。作者很巧妙地借助这个分支的曲线，画了一个屋顶，形成一个小房子，房子里住着 3 个人，代表一家三口。延伸出来的第一个二级分支上画了一个小男孩，旁边有一只小老鼠，代表小男孩的生肖是鼠。第二个二级分支上是作者的画像，画像下方画了一朵玫瑰花。第二和第三个二级分支之间画了一个男士的脸庞，说明他是小男孩的爸爸。根据这条红色的一级分支可以得到这些信息：作者是一个三口之家，爸爸主导整个家庭。分支下还画了一个竖起的大拇指，说明这个三口之家幸福美满。

图 5-10　第二个一级分支：红色的丝带

　　接下来是第三个一级分支：蓝色的兔子，如图 5-11 所示，用兔子的两只耳朵作为两个二级分支。小兔子躺着睡觉，代表她的梦想。第一只耳朵上画了奖杯、星星、月亮小图标，说明她想追求更多的荣誉。第二只耳朵上画了一组红色的建筑，是意大利佛罗伦萨美术学院，这所学院在所有的艺术生心中拥有殿堂级的地位，因为这里立着著名的大卫雕像。

图 5-11　第三个一级分支：蓝色的兔子

第四个一级分支是橙色的爱心，如图 5-12 所示。爱心代表作者的兴趣爱好。第一个二级分支上画了一个嘴巴，代表她喜欢水果、糖果、汉堡包、果汁、鸡腿、冰激凌等美味。第二个二级分支使用了艺术处理手法，把电影胶片处理成一只眼睛，眼睛前端画了一个幽灵，代表她喜欢看恐怖片或幽灵片。第三个二级分支说明她喜欢画思维导图，希望用思维导图把世界万物画出来。第四个二级分支说明她喜欢创作有创意的作品。

图 5-12　第四个一级分支：橙色的爱心

练习

可以参考上面的示例，做一个简单的自我介绍，从个人信息、家庭构成、兴趣爱好、梦想 4 个方面展开。

二、用思维导图做 SWOT 分析

SWOT 分析法可以用来确定企业自身的竞争优势（Strength）、劣势（Weakness）、机会（Opportunity）和威胁（Threat），使用 SWOT 分析结果把企业的战略与企业本身拥有的内部资源及外部环境有机地结合起来。

同样，SWOT 分析法也可以应用到个人的自我分析中。当你学会绘制思维导图以后，就可以借助思维导图来做一次自我分析，分别从优势、劣势、机会、威胁 4 个方面展开。利用这种自我分析法，可以帮助你找出对自己有利的、值得发扬的优势，以及对自己不利的、需要避开的劣势，从而发现问题，找出解决办法，并明确以后的发展方向。

可以把 SWOT 分析分成两部分：第一部分为 SW，用来分析你本身存在的内部条件；第二部分为 OT，用来分析你所处环境的外部条件。

SWOT 自我分析思维导图示例如图 5-13 所示。

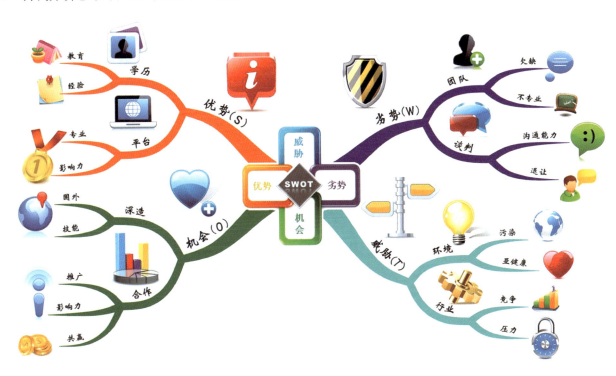

图 5-13　SWOT 自我分析思维导图示例

通过 SWOT 分析，你可以思考：优势，即你自身的优势，或者你所负责的产品、项目的优势；机会，即你有哪些机会；劣势，即你自身的劣势，或者你所负责的产品、项目的劣势；威胁，即你的外部阻碍是什么，有哪些竞争对手，或者哪些人和事对你的事业、家庭、项目有不好的影响。

接下来用一个现实中的产品（诺基亚手机）进行 SWOT 分析，帮助你更深刻地理解 SWOT 分析，如图 5-14 所示。

图 5-14　诺基亚手机 SWOT 分析思维导图

通过绘制思维导图，可以看到诺基亚手机的优势是操作系统简单、质量耐用、口碑良好；劣势是系统单一、更新缓慢、外观设计感较差；机会是随着智能手机的普及和人们对手机的需求快速增长，诺基亚能否找准定位和客户群体；威胁是低端国产手机快速占领市场，高端手机品牌迅速崛起，诺基亚在两面夹击的情况下，如何实现突围。

从该示例可以看出，使用思维导图进行 SWOT 分析，能把问题清晰地梳理出来，从而提醒你该如何应对。

第三节　用思维导图做规划

一、用思维导图设定目标

人们在一生中会不断地为自己设定目标，不断地实现目标，或者走在实现目标的道路上。那么，如何才能设定一个容易实现的目标呢？本节将教大家如何使用思维导图来设定、分解目标。目标设定的思维导图如图 5-15 所示。

关于目标设定这一中心主题，可以将其分为 3 个一级分支：设定、实施、结果。

- 设定：将目标设定为短期、中期和长期 3 个阶段，将每个阶段的主题列出来，如完成什么样的事、成为什么样的人等。

- 实施：将实施内容分为学习、技能、项目、其他 4 类。每类都需要把子目标列出来，所有事项都需要围绕个人的短期、中期和长期目标做计划并实施。

- 结果：该分支包含成就和财富，需要明确实现目标后取得的成果。可以先把成果列出来，这样在后期执行目标时，就会有更明确的动力和追求。

以 SMART 目标设定法则为例，可以将这一法则与思维导图相结合，制定科学的年度目标和实施计划。

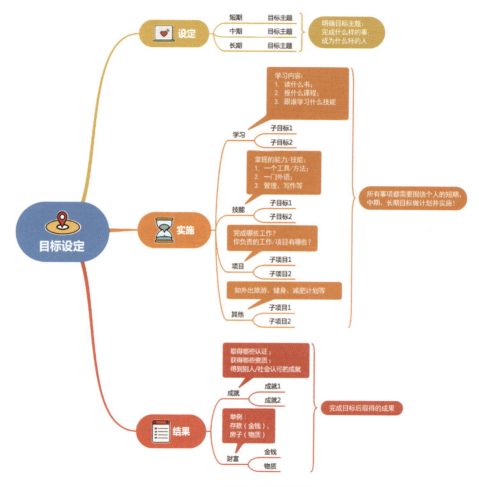

图 5-15　目标设定的思维导图

SMART 法则是在制定团队工作目标或员工绩效时必须遵守的五项原则，缺一不可。该法则的内涵如下。

- 明确（Specific）。明确是指要用具体的语言清楚地表明要达成的行为标准。拥有明确的目标几乎是所有成功团队的共同特点。很多团队未获得成功的重要原因之一，就是目标模棱两可，或者没有将目标有效地传达给团队成员。

- 可衡量（Measurable）。可衡量是指目标应该是明确的，而不是模糊的。应该有一组明确的数据作为衡量是否达成目标的依据。如果制定的目标没有办法衡量，就无法判断这个目标是否实现。

- 可实现（Attainable）。目标应该能够被执行人接受，如果上司利用一些行政手段或利用权力性影响力，单方面把自己制定的目标强压给下属，下属就会产生抗拒心理和行为：我可以接受这个目标，至于能否完成，可不好说。一旦这个目标完成不了，下属有 100 个理由推卸责任：这个目标是你强压给我的。

- 相关（Relevant）。相关是指实现此目标与其他目标的关联情况。如果实现了这个目标，但与其他目标完全不相关，或者相关度很低，那么即使这个目标实现了，意义也不大。

- 时限性（Time-bound）。时限性是指目标是有时间限制的。没有时间限制的目标没有办法考核，或者考核不公。例如，上下级之间对目标轻重缓急的认识程度不同，上司认为任务紧急，但下属不知道，到头来上司暴跳如雷，而下属觉得委屈。这种没有明确的时间限定的目标，既伤害了同事关系，也伤害了下属的工作热情。

了解了 SMART 法则的内涵，接下来就可以用思维导图把 SMART 法则呈现出来，如图 5-16 所示。

在图 5-16 中，首先，明确具体目标，并做简单的阐述；其次，把目标设定为可衡量的，如设定一些可测量的、可维持的目标；再次，在设定目标时，要考虑它的可实现性，不宜设定得过低，也不宜设定得过高，避免目标没有挑战性或难以完成，让团队成员有无聊感或挫败感，影响目标的推进；又次，目标之间要具备相关性，把相关目标和目标达成的相关人物进行紧密关联；最后，设定目标的时限，设定完成目标的周期，对每个时间段进行拆分，把大目标拆分成多个小目标，把时间跨度长的目标拆分成多个时间段的目标。

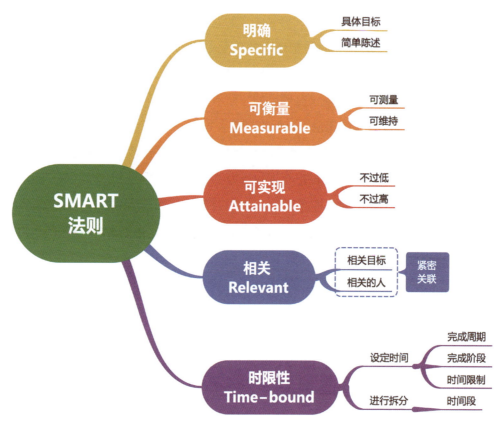

图 5-16　SMART 法则思维导图

　　小贴士：通常可以根据不同的场景来设定不同的目标，从而让目标更容易实现。在面对长期或较大的目标时，可以为自己设定多个阶段性目标；在面对短期目标时，则可以为自己设定一些小奖励来鼓励自己完成这些目标。

二、用思维导图做项目规划

在日常工作中，人们经常需要做一些项目规划。在项目筹备阶段，使用思维导图做规划，可以使项目后期的执行更加高效。项目规划的思维导图如图 5-17 所示。

图 5-17　项目规划的思维导图

可以将整个项目规划思维导图分为 6 个一级分支：基本信息、资源配置、配合部门、目标计划、时间节点和项目监控。

- 基本信息：在该一级分支下，首先确定项目名称，然后在时间分支上写下项目开始和结束时间，最后在项目成员分支上列出该项目的总负责人及项目团队成员或相关部门。

- 资源配置：分为人力、物力、财力 3 类。其中人力资源又可分为内部人员和外部人员。

- 配合部门：明确每个部门的主管和配合内容。可以把具体的需求列出来，便于后期执行项目时明确地找到相关问题的解决部门或负责人。

- 目标计划：如果是大项目，可以分为短期、中期、长期目标，每个时期都列出阶段性结果；如果是短期的项目规划，可以按照优先等级进行划分。

- 时间节点：把一个大项目拆分成很多小项目，将每个小项目拆分成很多小任务，每个小任务都对应至少一个主要负责人，并明确每个任务的开始和结束时间。

- 项目监控：掌握整体项目的进度、成本及质量，并预判可能存在的一些风险。

三、用思维导图做活动策划

在日常工作中，人们经常会组织各种各样的活动。这些活动可能是室外活动，也可能是室内活动；有成年人参加的活动，也有小朋友参加的活动。面对这些复杂的情况，你需要提前做好活动策划，以确保执行工作有条不紊地推进，而思维导图能够很好地帮助你实现这一目标。活动策划的思维导图如图 5-18 所示。

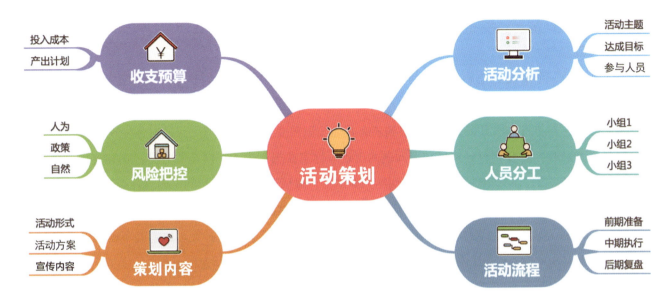

图 5-18　活动策划的思维导图

在中心图上写下该活动策划的主题，然后从 6 个一级分支展开。

- 活动分析：包括活动主题、需要达成的目标，以及参与活动的人员。
- 人员分工：根据需要将参与人员分成几个小组。
- 活动流程：一个完整的活动流程包括前期准备、中期执行，以及活动结束以后需要做的复盘工作。
- 策划内容：列出完整的策划内容，先确定活动形式，同时设计一个活动方案，以及与活动相关的宣传内容。
- 风险把控：把控活动的风险，包括人为风险、政策风险、自然风险等。
- 收支预算：核算本次活动的成本，将该活动投入的成本、产出计划等列在活动策划书中。

第四节　用思维导图分析问题、设计解决方案

很多人都面临这样一个困扰：总感觉自己有很多事要做，却不能将它们清晰地整理出来，脑中的思绪就像打结了一样，一直都无法厘清。

例如，你觉得自己当前需要学习英文，但又想到还有其他知识需要学习；在解决问题时你发现，采取方案 A 会导致某个问题的出现，而采取方案 B 则会导致另一个问题的出现，你实在想不出一个两全的方案，不知道如何是好。思绪杂乱的情况就像站在十字路口，不知道选择哪条路，纠结来纠结去，最后不仅浪费了时间，而且什么都没得到。

那么，应该如何处理思绪杂乱的问题呢？使用思维导图！整理思绪的本质在于消除模糊性，让自己清晰地看到全局。在《认知觉醒》一书中，作者周岭认为，一件事一旦变得模糊，其边界就会无限扩大，原本并不困难的小事也会在模糊的潜意识中无限地放大。因此，整理思绪就是一个把事情从模糊状态转变为清晰状态的过程。

当你大脑中的思绪过于混乱时，最好的方式就是把思绪摊开，把各种杂乱的想法从大脑中完全清除，可以用以下两种方式。

- 构建一个"信息收集处"，用一两天的时间不断地写下自己的想法，想到什么就写什么。
- 运用零秒笔记法，通过提问的方式，有意识地引导自己把大脑中的想法都写在纸上。这里需要强调一点，整理思绪就像整理衣橱，最好一次性地把需要整理的想法都整理出来，如果只整理一部分，会让你的思绪更混乱。

最后，你会得到很多想法，接下来需要做的是把这些想法归类，做成一张思维导图。当你完成这张思维导图时，就可以清晰地知道自己该做些什么了。

接下来我通过一张分析问题的思维导图（见图 5-19）带着大家学习如何分析问题。

图 5-19　分析问题的思维导图

一、用思维导图分析问题

在工作中，人们总是面临各种决策任务，从每天的具体任务到公司或部门的战略规划，都需要通过综合分析后做出决断。

为什么很多人的决策质量和决策效率都很低？其中一个重要原因就是思考和分析问题时抓不住重点。借助思维导图这一工具，可以很好地解决这一问题。

在分析问题时，首先要正确地认识问题，对其进行准确的界定，然后进行有针对性的分析，最后构建框架、分类、确定优先级。只有这样才能抓住重点，使你的大脑进入一种高效的单一模式，并一步一步地解决问题。

依照这一思路，请你参考图 5-19 绘制一张思维导图，写下关键词，让你的思路更清晰。

二、用思维导图设计解决方案

遇到问题，解决问题，是做事情的两个步骤，但找到解决问题的方法，是进行第二步的关键。如图 5-20 所示的思维导图是市场占有率下滑的原因分析，可以作为你寻找问题解决方案的一个模板。

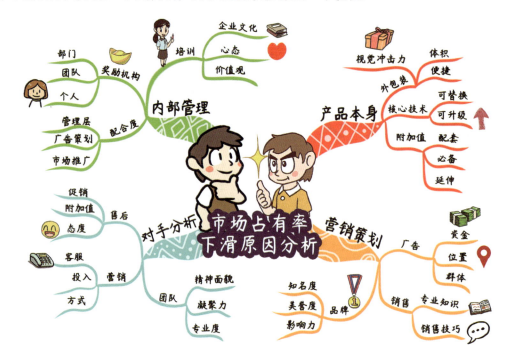

图 5-20　市场占有率下滑原因分析的思维导图

图 5-20 从 4 个维度对某产品的市场占有率下滑原因进行了分析。第一个维度是产品本身，第二个维度是营销策划，

第三个维度是对手分析，第四个维度是内部管理。这样层层递进，就像剥洋葱一样，把问题一层一层地剥开，最终发现问题的症结所在。

通过思维导图，可以把问题的每个层面和角度都清晰地传达给受众，从而让他们明白问题所在。同时，你还可以使用思维导图将这些问题进行分解，然后将任务细化，分配到人，最终形成问题的解决方案。问题分析和目标分析的思维导图如图 5-21 所示。

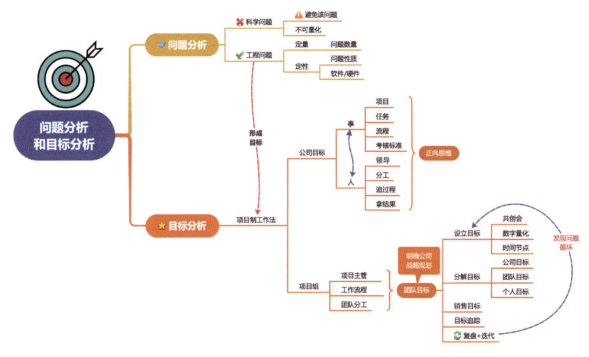

图 5-21　问题分析和目标分析的思维导图

第五节　思维导图的职场创新应用

随着思维导图在职场的广泛应用，除了常规的工作记录、分析、规划、决策，一些创新的应用形式也不断出现。

在一次头脑风暴会议上，小张和同事们很高兴地讨论了大量的好点子和想法，正当所有人都沉浸在这个兴奋的氛围中时，小陈却察觉出一个问题：这已经是针对这个主题进行的第三次头脑风暴会议了，而之前也有很多好想法，但都只停留在想法阶段，估计这次也会历史重演。小陈为什么会这么想呢？虽然大家能够通过头脑风暴整理和梳理出大量的想法，但是这些想法就像散落一地的树叶，如果没有把这些想法形成一棵思维树，那它们就像落叶一样，一阵秋风吹来，就被吹散了，导致不能最大限度地发挥它们的价值。这里的落叶代表无序的状态，很多想法被杂乱地堆放在一起。而思维树可以把这些想法像树叶一样"挂"在树枝上，每片叶子都知道自己属于哪根枝丫。

因此，当你解决问题时，最大的问题并不是没有想法，而是不知道该如何处理庞大且无序的信息。那应该怎么办呢？思维导图可以将零散的信息以结构化的形态呈现出来。下面将介绍如何用思维导图进行集体创新。

一、用思维导图进行头脑风暴

在职场上，客户要求你的团队为他们的品牌或产品做一个非比寻常的创意方案，作为项目负责人，你已经思维枯竭了，怎么办呢？不妨组织团队进行一次头脑风暴。

头脑风暴是一种为激发创造力、强化思考力而设计的方法，目的在于让个体的大脑能够相互连接，用点子来激发点子，从而产生风暴式的化学反应，带来 1+1>2 的可能性。

很多创新型公司在工作中都喜欢用头脑风暴的形式来集思广益，为公司发展提供新的思路。但有些公司的头脑风暴虽然进行了很多次，效果却不好，时间一长，头脑风暴就变得流于形式，可有可无。

之所以会出现这种结果，关键在于没有用正确的方法进行头脑风暴。用思维导图进行头脑风暴，可以把整个头脑风暴的过程进行科学、有效的规划和管理，使头脑风暴类似于一场正式的会议，从而碰撞出真正的思维火花。

在头脑风暴中，思维导图的优势在于能帮助人们激发思维、整理信息，然后通过图形化思维，让人们的思维可视化，呈现出解决方案和策略的多种可能性。在这个过程中，思维导图可以随时随地帮助人们发散思维、整理思维，并在最后将其呈现出来。

头脑风暴的思维导图如图 5-22 所示，可以帮助你清晰地呈现出头脑风暴的整个过程。

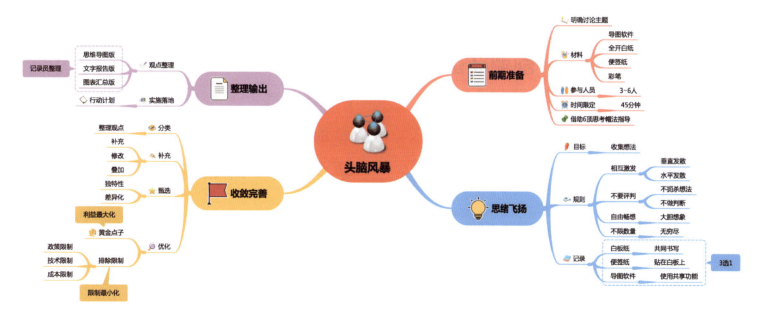

图 5-22　头脑风暴的思维导图

前期先设定好中心主题，即确定这场头脑风暴的"风暴眼"，如图 5-23 所示。确定主题后，进行常规的材料准备，确定参与人员和时间。

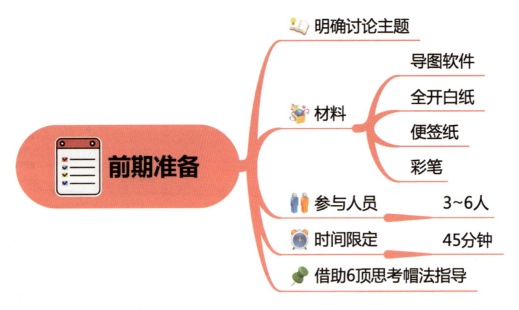

图 5-23　前期准备的思维导图

主题确定以后，目标就明确了，进行下一步——思绪飞扬。在这一步，可以围绕主题，在规则之下进行思维碰撞。什么新的想法和创意都可以提出来，不用管它们是对是错。

思绪飞扬的思维导图如图 5-24 所示。

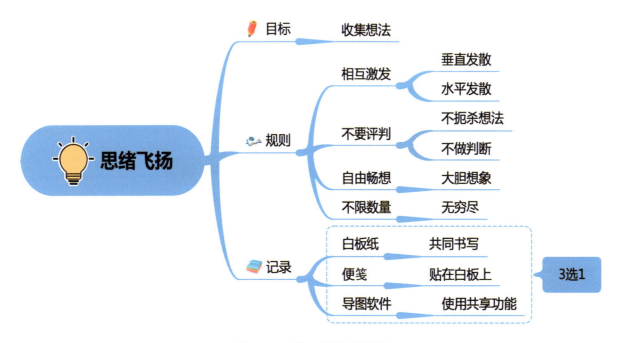

图 5-24　思绪飞扬的思维导图

　　当各种想法都呈现出来之后，可以进行下一步——收敛完善。在这一步，可以进行思维重构，汇总、筛选出一些符合需求的想法。

　　收敛完善的思维导图如图 5-25 所示。

　　最后一步是整理输出，即形成头脑风暴会议的成果。记录成果的形式，包括思维导图版、文字报告版、图表汇总版等。当然，形成成果不是目的，重要的是落地实施，将成果转化成行动。整理输出的思维导图如图 5-26 所示。

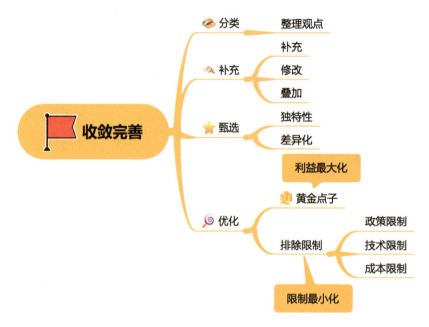

图 5-25　收敛完善的思维导图

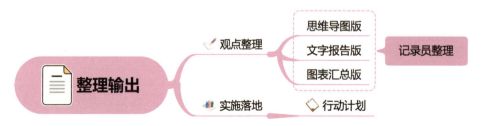

图 5-26　整理输出的思维导图

一个有效的头脑风暴会议应该遵守以下 4 个原则。

- 自由发言。在会议上，发言次数最多的往往都是一些资历较深的老员工，新员工容易被群众压力影响，从而选择隐藏自己的想法。但在头脑风暴会议中营造一种自由发言的氛围相当重要，新员工的想法往往比老员工的想法更具创意，因为他们的思维还没有被定型。这里有一个小建议，你可以采用逐一发言的方式，争取让每个人都有发表想法的机会，当然前提是限制会议的参与人数。

- 不做批判。头脑风暴的目的在于激发创造性思维，而批判是一种抹杀创意的行为，因为批判会在无形中给会议参与者带来一种压力，使他们担心自己的想法说出来后会被别人批判或反驳。在这种情况下，当他们对自己的想法没有充足的把握时，他们会选择不说出来。因此，在头脑风暴会议上，无论人们提出的意见和见解是否有价值，都不允许被打断或批判，这是产生大量想法的前提条件。

- 以数量求质量。头脑风暴的本质是追求数量，从数量庞大的想法中筛选出最优的几个，但很多时候人们很容易聊着聊着就跑题了。因此，一场好的头脑风暴会议应提前设定产生多少个想法。

- 结合改善原则。从别人的想法中受到启发，从而激发出更多想法，这也是头脑风暴会议中最重要的一点。

一个人单独思考会很容易受到自身认知能力的局限，从而很难想出黄金点子。但是，如果让不同的人的大脑之间建立连接，这些大脑就会形成一张网，不同的想法碰撞在一起，会激发出更多的想法，而这些想法的价值是一个人单独思考所无法拥有的，这也是头脑风暴会议的最终目的。

在头脑风暴会议上，最好能够将想法全部视觉化，以此来刺激参与者给出更多的想法。例如，可以安排一名记录员把想法一边记录一边分类，用软件制作成思维导图，记录员可以把制作思维导图的过程投影在大屏幕上。

二、集体思维导图

集体思维导图，即多人参与制作的思维导图，是思维导图应用的一种新形式。集体思维导图的策划主题思维导图如图 5-27 所示。

图 5-27　集体思维导图的策划主题思维导图

集体绘制思维导图，一般有 4～5 人参与。这种形式可以很好地激活参与者的大脑，带来 1+1>2 的效果。

集体思维导图有以下几个好处。

- 联合创造力，集思广益，形成头脑风暴。

- 合并回忆，把参与者各种各样的想法连接起来，形成一个整体。

- 在绘制过程中，调动参与者各个方面的潜力，如领导力、行动力、组织力、表达力、支持力、思考力等。

集体思维导图示例如图 5-28 和图 5-29 所示。

图 5-28　集体思维导图示例一

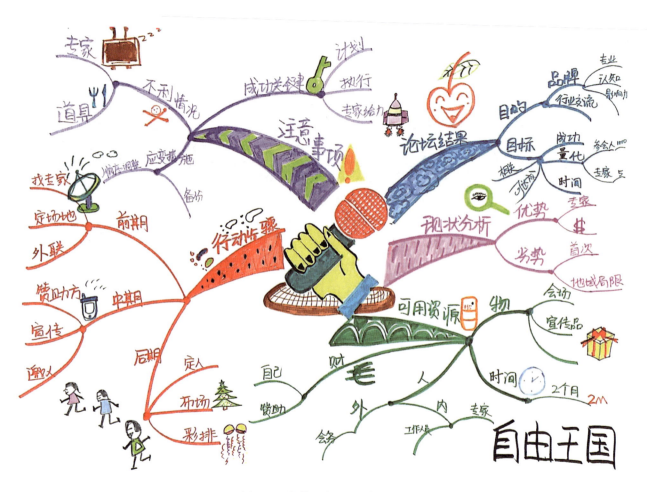

图 5-29　集体思维导图示例二

参考如图 5-30 所示的项目规划的思维导图模板，策划一个可实施的项目。

图 5-30　项目规划的思维导图模板

第六章

思维导图让生活井然有序

第一节 用思维导图做日常计划

如图 6-1 所示的这张思维导图，展示了一个大家庭用思维导图来规划家庭的一周计划。它有 7 个分支，一级分支从周一到周日。二级分支根据家庭成员进行划分，有爸爸、妈妈、爷爷、奶奶、儿子、女儿，以及他们家的宠物。在这一周内，每个人都参与了一些活动或工作。三级分支是每个家庭成员的计划内容及对应的时间。

图 6-1 "家庭一周安排"的思维导图

这是一张非常优秀的家庭日常计划思维导图，你可以看到中心图设计得非常直观，还能看出这个家庭一周的活动安排得非常丰富。爸爸的工作、儿女的学习、日常活动及家庭聚会都在图中列出来了，而且每个分支都使用了非常形象的小图标，每个枝干也进行了艺术化设计。可以看到，这些分支上有很多头像类小图标，对应每个家庭成员，起到了快速识别的作用。假如我是这个家庭的爸爸，我就可以快速识别出带有爸爸头像的小图标，知道这里面有哪些内容是需要我参与的。你不妨也试着去设计一张家庭一周计划的思维导图。

以下提供了几种日常计划的思维导图模板（见图 6-2 ～图 6-7），供你参考。

图 6-2 "一天时间规划"的思维导图模板

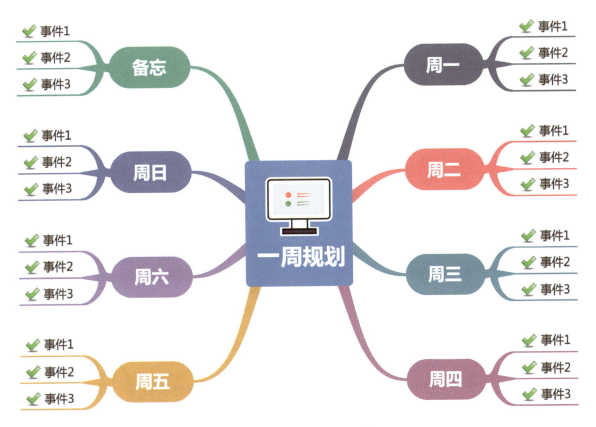

图 6-3　一周规划的思维导图模板

图 6-4　月度规划的思维导图模板

图 6-5　年度规划的思维导图模板

　思维导图实用入门：学习·工作·生活整理术

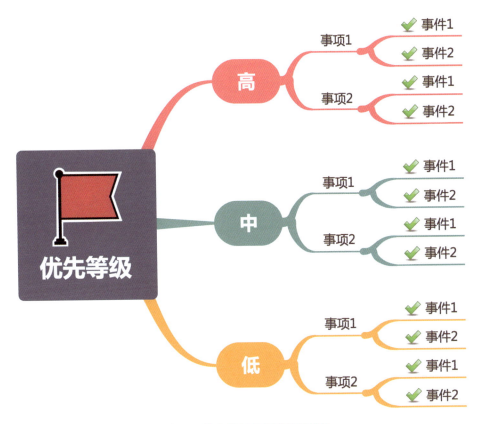

图 6-6　优先等级的思维导图模板

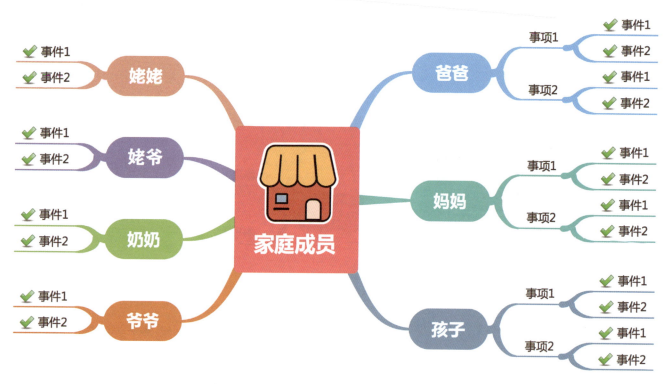

图 6-7　以人物为主体的时间规划的思维导图模板

 练习 ....

　　规划你的一周规划思维导图。

一周规划思维导图

第二节　用思维导图做购物清单

很多人都遇到过这种情况：周末去超市采购物品时总是手忙脚乱，或者逛了半天想不起来要买什么了，结果乱买一通。其实只要用思维导图列出购物清单，就不会发生上述问题。

拿出一张 A4 纸，写上"购物清单"，在清单上将需要购买的商品分门别类地罗列出来，这样你就清楚该买哪些商品了。如图 6-8 所示的这张思维导图展示的是一张超市购物清单，一级分支上列出了需要采购的物品种类，包括食品、日用品，二级分支上列出了需要购买的商品名称，三级分支上列出了商品数量。

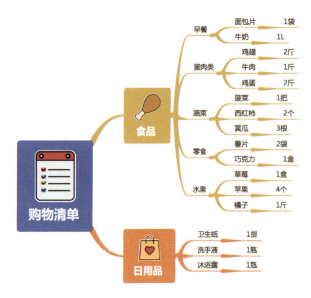

图 6-8　购物清单的思维导图示例

制作一张购物清单思维导图。

购物清单思维导图

第三节　用思维导图做收纳整理

假设你需要为自己的新家添置一些物品，如衣物、家具、电器等，这时候你会以什么顺序来添置这些物品呢？

一般情况下，布置新家的流程如图 6-9 所示。首先进行房屋的装修，然后摆放家具，接着根据不同的区域、功能、用途购买家电，最后把生活物品放置到柜子、抽屉等相应的储存空间。

图 6-9　布置新家的流程

可以按照以下两种思路来进行收纳整理。

一、按照物品类别进行收纳整理

按照物品类别进行收纳整理的思维导图的一级分支如图 6-10 所示，二、三级分支如图 6-11 所示。

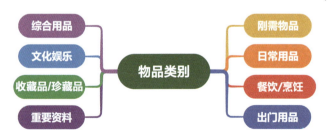

图 6-10　按照物品类别进行收纳整理的思维导图的一级分支

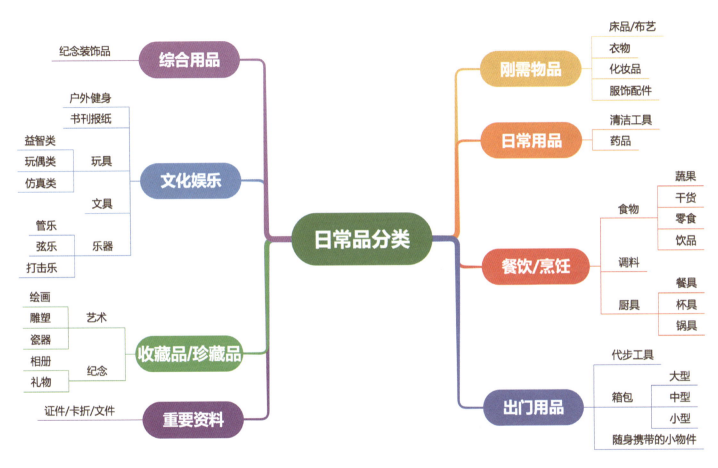

图 6-11　按照物品类别进行收纳整理的思维导图的二、二级分支

二、按照功能区域进行收纳整理

按照功能区域进行收纳整理的思维导图的一级分支如图 6-12 所示，二级分支如图 6-13 所示。

图 6-12　按照功能区域进行收纳整理的思维导图的一级分支

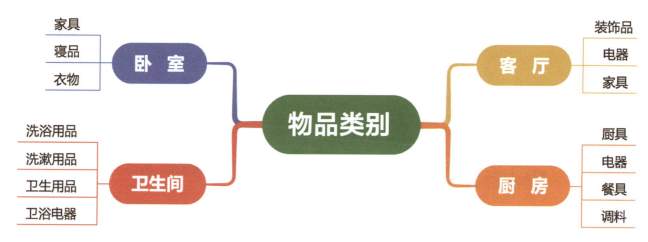

图 6-13　按照功能区域进行收纳整理的思维导图的二级分支

收纳整理知识的思维导图如图 6-14 所示。

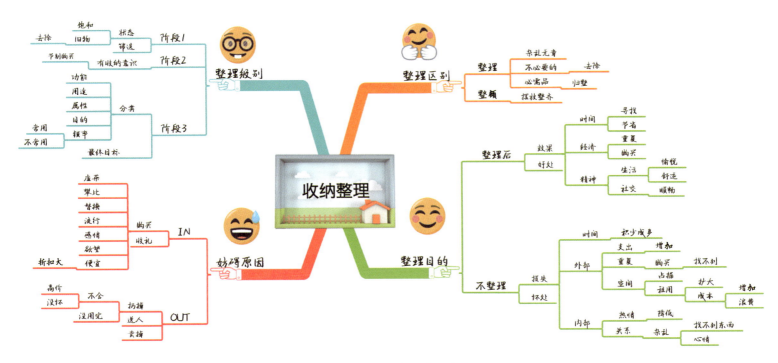

图 6-14　收纳整理知识的思维导图

第四节　用思维导图做旅游物品准备

当你准备外出旅游时，无论是单位组织旅游还是家庭出游，都需要根据不同的季节、旅游目的地准备旅游物品。如果行李物品准备得不够齐全，就可能在旅途中遇到不便。使用思维导图列出需要准备的物品，可以有效避免上述问题。旅行物品准备的思维导图如图 6-15 所示。

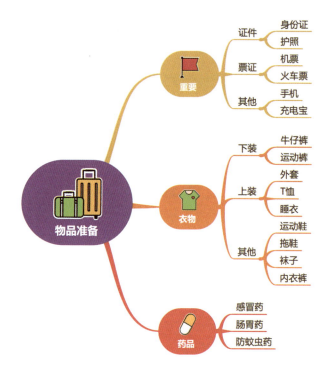

图 6-15　旅行物品准备的思维导图

第五节　用思维导图做心理辅导

随着社会经济的高速发展，人们的工作和生活压力越来越大，从而导致越来越多人出现心理问题，如抑郁、焦虑、强迫、恐惧。那么，应该如何克服这些心理问题，发现自己美好的一面，拥有积极的人生态度呢？其实，思维导图是一个很好的心理辅导工具，你可以用思维导图把自己内心深处的想法梳理出来，从而找到心理问题的根源。自我原因心理分析的思维导图如图 6-16 所示。

图 6-16　自我原因心理分析的思维导图

如果你经常感觉被工作、生活、家庭压得喘不过气来，不妨通过思维导图把压力都梳理、呈现出来。可以选择用彩笔来绘制一张色彩丰富的思维导图，这样有助于你产生良好的心理变化。

有些孩子不太喜欢说话，或者不善交际，对他们来说，思维导图就是一个很好的交流工具。可以引导他们绘制思维导图，把自己的想法画出来，这样既能更好地与他们交流，也能更好地增进与他们之间的信任。"如何看待"自我心理分析的思维导图如图6-17所示。

图 6-17 "如何看待"自我心理分析的思维导图

绘制一套旅行思维导图。

要求：绘制一张出行时间安排思维导图、一张出行物品分类思维导图、一张目的地攻略思维导图。

附录 思维导图常见问题答疑

问题1：思维导图真的那么有用吗？

思维导图当然是有用的，不然也不会有这么多人使用它、喜欢它。但是要注意，不要把它当成一个万能的工具，高估它的价值，也不要对它形成依赖心理，遇到任何问题都用思维导图来解决。在现实生活中，由于思维导图被过度商业化或夸大宣传，所以人们很容易高估它的价值。

先来说说思维导图的优点。正如其创始人东尼·博赞所强调的，思维导图可以有力地激发人们的联想，通过一个关键词激发出更多的关键词；同时思维导图中丰富的色彩、形象的图标等，也能起到激发思维的作用。

思维导图的另一个优点是思维暂存。当人们在思考一个复杂的事物时，会冒出很多想法，但是人们的记忆能力又十分有限，所以如果没有用很好的方式把这些想法都记录下来，它们可能马上就会溜走，消失得无影无踪。而思维导图鼓励人们用一种灵活的方式，把想到的东西都记录下来。所以一般人做完一张思维导图，往往会惊讶于自己竟能产生如此丰富的想法。

然而，从系统思维的要求来看，思维导图并不是一个很理想的工具，原因如下。思维导图表面上看是一棵枝繁叶茂的大树，但是如果把枝叶都垂下来，你就会发现这只不过是一个树形结构。而现实生活中的系统并不都像树形结构这么简单。现实生活中的系统结构非常多样、复杂，很可能是多种基本结构的组合。因此，如果凡事都用思维导图，其实是曲解和简化了原本的系统。特别是不少人在思考问题时，既把思维导图当作起点，又把它当作终点。画完一张思维导图，他们就以为大功告成了。思维导图的流行使很多人误以为系统分析就是这样简单、可控的过程，似乎不费吹灰之力就能把一个复杂的问题给剖析清楚。它使人们忽视了系统的复杂性，低估了系统思维的艰巨程度，从而逐渐形成一种浅尝辄止的思维习惯。

我认为对待思维导图的正确做法是：适度地使用它，把它作为思维工具之一，而不是全部；以问题的本质、本源为起点和终点进行思考，思维可视化的形式应根据不同问题的性质而自由变化和创造，不必拘泥于思维导图的结构和风格。

问题 2：线条分支一定要由粗到细吗？

在思维导图的线条中，通常一级分支的线条更粗一些。较粗的线条可以向你的大脑发出一个信号，让你注意中心思想的重要性。但如果你的思维导图处在探索阶段，也许一些周边思想比中心思想更加重要。在这种情况下，只要合适，你也可以把周边的线条（二级分支）加粗一些，从而在更大程度上增强视觉效果。

问题 3：为什么词的长度一定要等于线条的长度？

线条的长度与词的长度一样，可以让关键词与关键词之间靠得更近，有助于产生联想。另外，节约下来的空间也便于将更多信息放在一张思维导图上。

问题 4：是否可以把整个分支脉络圈起来？

绘制思维导图时，可以为思维导图的分支添加边界线，设计分支的独特外形。这些独特的外形可以激发这个分支里所包含的信息记忆。对记忆专家来说，这些独特的外形可以成为"活的图片"，极大地提高回忆效率。在思维导图中创建独特的外形，可以帮助你用一种更容易回忆的形式来组织各种数据。

问题 5：可以给分支上标序号吗？

如果你的思维导图是关于某项特殊任务的，如一场演讲、一篇文章或一场考试的答案，用标序号的方式能够得出更富有逻辑的思想，你可以根据事情的重要性和紧急性，用数字或字母在思维导图的一级分支上标序号。

问题6：为什么一级分支的数量不能超过7个？

心理学家通过实验发现，人类的记忆遵从7±2的效应，即大脑的短时记忆容量是7个左右。也就是说，当事物的数量在7个单位组块以下时，人们容易记住，超过7个时，就容易遗忘。因此，画思维导图时，一级分支不超过7个可以让人们厘清思路，容易记忆。

问题7：只写字不画图可以吗？

在思维导图中，图像可以有效地抓住阅读者的注意力。它可以触发无数联想，是帮助记忆的一个极有效的方法。另外，图像还富有吸引力，使人感到愉悦。只要有可能，就尽量使用图像，这样可以在视觉和语言皮层之间建立有效的刺激，改善你的视觉感触力。

问题8：中心图可以只写字不画图吗？

在绘制思维导图的过程中一定要使用中心图。带有3种颜色以上的中心图既能有效地吸引阅读者的注意力，又能让阅读者很直观地了解思维导图的核心内容，从而有效地引导其关注中心内容。

如果某个特别的词（而不是图像）在思维导图中处于中央地位，那可以为这个词增加层次感、色彩感和富有吸引力的外形，使其变成一个图像。

问题9：如何选取思维导图的关键词？

1. 关键词因人而异，且有例外

何为关键词？对于同一句话，每个人选取的关键词可能都不一样，即使具备一定水平的思维导图讲师也未必会选取同一个关键词。每个人在图像感的获取和对关键词的理解上都会有偏差。

此外，对于同一句话，关键词的选取也会因实际情况而有所不同。例如，在绘制思维导图时，关键词应该是"具象"的，什么样的词是具象的呢？实词，即做主语和宾语的名词。此外，谓语动词也有"具象"特质。在特殊情况下，一些修饰词、形容词、副词、数量词等也可以在思维导图中出现。

2. 关键词因需要而不同

上面提及的是一般情况。在利用思维导图背诵课文时，如果只是重点选取具象化的实词作为关键词，是不利于逐句背诵文章的。在这种情况下，应在保证重点、兼顾实词和动词的前提下，把握连词，这样有利于逐句回忆文章的逻辑结构。

3. 关键词因结构而不同

在进行大型系统信息分析时，处于不同层级的思维导图，其关键词也不尽相同。例如，用思维导图分析一本书，从中心伸展出去的一级、二级分支，应该选取具有概括性的词充当关键词，这样容易把控大的模块。对于三级、四级分支上的关键词，应该以具象化的实词为主，这样便于理解每个中等模块的信息内容。对于五级以下的末等分支，在兼顾实词的同时，应该考虑修饰性虚词作为关键词，如形容词、数量词。这样才能具体细致地展现信息。

因此，同一本书，对整本书提取关键词，对某个章节提取关键词，对某句话提取关键词，结果肯定是不一样的。

思维导图的主旨是简化、模块化，同时不能失去信息展示的本质及信息之间的内部联系，要具体情况具体对待。信息是系统，思维导图的本质是一张系统图，在不同的系统要求下，关键词可能不同。

总体来说，思维导图需要优先选取实词，并实现词语的具象化。

问题 10：为什么每个分支上只能写一个词语？

思维导图的一个重要指导原则就是，关键词需要用印刷体清晰地写在每个分支上，而且每个分支上只能写一个词语。

这一规则看上去似乎会限制人们的想象力和联想力，然而事实上它会给予人们认知能力和其他能力充分的发挥空间。越是用单个词语去思考，而不用句子或短语，思维导图的功能就越强大。

要用一个词语来总结你的思想或想法并用它来标记一个分支，确实会很困难，但这是创作思维导图的一条最基本的规则，这样做的目的是保持思维清晰、流畅。

把两个或多个词语写在一条线上，它们就会混在一起，这会使思绪的发展方向受到限制。一旦两个想法混在一起，就会在某种程度上变得模糊不清。

如果大脑只注意一个词语，它就只能思考这个词语所引发的可能性。如果一个分支上写两个或更多词语，大脑就会分散注意力去关注多个想法。这种分散必然会破坏真正的思维过程。但这不代表大脑中所有与这个想法相关的关键词都要列出来。作为思维导图的创作者，你需要用大量细微的联系来分析自己大脑中的画面。反过来，对于这些细微的联系，也可以进行详细的分析。在把握宏观画面的前提下，从微观的视角看问题会更有价值。

每个词语都拥有大量可能的联系，把词语混在一起会限制这些可能的联系，进而抑制思维进程。将词语清晰地分离开来，可以促进思维畅通。保持每个"思想分支"清晰，并且与其他分支明显区别开来，有助于思维导图的使用者轻松地回忆起这个思想分支，而不必担心出现混乱。因此，"一线一词"这一原则有助于提升记忆力。

需要重申的是，"一个词语"也可以是一个图像。不要忘记思维导图创作的另一个重要原则：尽可能使用图像。图像最有助于回忆，因为对大脑来说，"一图胜千言"。

在思维导图培训与绘制的过程中，要强调关键词的选择，因为关键词对知识管理、思路整合起到了非常关键的作用。要想清晰地展示自己的思路，表达自己的想法，就要正确地选取关键词。在整理文章的知识信息方面，关键词的作用同样很重要。

问题 11：在创作思维导图的过程中出现思维障碍怎么办？

1. 增加空白线条

如果暂时出现了思维障碍，可以先在思维导图上加上一些空白线条。这会对大脑提出挑战，刺激大脑去完成尚未完成的事情，让大脑在无限的联想能力的帮助下"茅塞顿开"。

2. 提问

提问是大脑积累知识的主要方式。学会给自己提出正确的问题，有助于突破思维障碍。

3. 增加图像

在思维导图上增加图像，可以进一步触发联想，易于回忆。

4. 保持无限联想的能力

让大脑处于自由状态，而不是受制于既有的习惯。

问题 12：概念图与思维导图的区别是什么？

概念图是康奈尔大学的 J. D. 诺瓦克（J. D. Novak）博士根据戴维·P. 奥苏贝尔（David P. Ausubel）的有意义学习理论提出的一种教学技术，是一种用节点表示概念、用连线表示概念间关系的图示法。诺瓦克博士认为："概念图是用来组织和表征知识的工具。它通常将某一主题的有关概念置于圆圈或方框之中，然后用连线将相关的概念和命题连接起来，连线上标明两个概念之间的意义和关系。"概念图的用途极其广泛。它除了辅助学生学习，还是教师和研究人员分析、评价学生对知识的理解和构建水平的方法，也是人们产生想法（头脑风暴）、设计结构复杂的超媒体及交流复杂想法的手段。概念图作为一种科学的教学技术，在教学活动中用来帮助教师和学生提高教与学的质量。

东尼·博赞认为思维导图是对发散思维的表达，也是人类思维的自然功能。他认为，思维导图是一种非常有用的图形工具，是打开大脑潜能的万能钥匙！它可以应用于生活的各个方面，改善使用者的学习能力，使其获得清晰的思维方式，从而改善行为表现。

概念图是对同一主题概念之间的关系进行划分，它更具理性、聚合性。相比之下，思维导图更具发散性，如果将思维导图用于一定范围内的主题或给定范围内的内容，则其效果与概念图类似。在没有限定范围或范围较大时，思维导图能更好地发挥作用。

概念图侧重结果，思维导图侧重过程。两者在帮助人们分析问题、整理思路方面都起到了积极有效的作用。它们可以展示思维过程，使思维过程可视化，比文字的表达方式更有效。在实际应用过程中，你可以把它们作为不同的表达方式来展示自己的思路及对问题的理解，也可以综合运用它们。

思维导图与概念图是两个完全不同的概念、思维表达方式和学习工具。

思维导图能够帮助人们在认识事物时拥有一个整体、全局化的概念。它注重表达与核心主题有关的内容，并可以展示核心主题的层次关系及各层次之间的关系。思维导图是一种呈放射状的思维表达方式，通过所表达的内容与中心主题的距离远近来体现内容的重要程度，它在了解人的思维图谱方面起着积极有效的作用。思维导图强调的是思想发展过程的多向性、综合性和跳跃性。

概念图在表达逻辑关系和推理方面能发挥很好的作用。概念图是一种多线程的流程图，表达事物由起点到终点的发展过程和推理过程，结果可能是一种或多种。它使用几何图形来作为不同概念的分类和表达形式，在引导人们思考问题、了解事物发展过程方面能起到积极的作用。可以说，它是一种线性的思维表达方式。

另外，思维导图和概念图的发展原理和历史背景也不尽相同，理论基础和发展机制也存在很大差异。

从思维的发展上看，概念图能够构造一个清晰的知识网络，便于学习者掌握整个知识架构，有利于直觉思维的形成，促进知识的迁移。思维导图呈现的是一个思维过程，学习者通过思维导图的学习，能培养良好的思维习惯，运用思维导图进行头脑风暴，促进发散性思维能力的培养。

从表现形式上看，思维导图有一个处于根节点位置的中心概念。而在概念图中，各概念之间的关系是平等的。

东尼·博赞在描述思维导图时说："思维导图有一个中心词或概念，在这个中心词或概念下面是 5 ～ 10 个跟它相关的主要观点。"思维导图和概念图之间的区别在于思维导图只有一个中心概念，而概念图可能有很多，这就导致思维导图大多通过树状结构来表示，而概念图则需要通过网状结构来呈现。

从表现知识的时间性看，思维导图有明显的时间性，概念图则不体现时间性。

参 考 文 献

[1] 东尼·博赞. 思维导图 [M]. 北京：作家出版社，1999.

[2] 东尼·博赞. 思维导图大脑使用说明书 [M]. 北京：外语教学与研究出版社，2005.

[3] 东尼·博赞，巴利·博赞. 思维导图 [M]. 北京：中信出版社，2009.

[4] 东尼·博赞. 思维导图使用手册 [M]. 北京：化学工业出版社，2011.

[5] 东尼·博赞. 思维导图在工作中的运用 [M]. 北京：中信出版社，2012.

[6] 埃里克·坎德尔. 追寻记忆的痕迹：新心智科学的开创历程 [M]. 北京：中国友谊出版公司，2019.

[7] 克里斯·格里菲斯，梅利娜·考斯蒂. 创意思维手册 [M]. 北京：机械工业出版社，2020.

[8] 周岭. 认知觉醒：开启自我改变的原动力 [M]. 北京：人民邮电出版社，2020.

[9] 尹红心，李伟. 费曼学习法：用输出倒逼输入 [M]. 南京：江苏凤凰文艺出版社，2021.

[10] 陈星云. 小学生思维导图：受益一生的全脑思维训练 [M]. 北京：北京大学出版社，2021.

[11] 孙久荣. 脑科学导论 [M]. 北京：北京大学出版社，2001.

后 记

结缘思维导图

直到今天，我依然清晰地记得 2008 年的那一幕。当时我还在中国民生银行总行海外金融中心负责项目设计。一天下午，单位领导把我带到位于北京东城区沙滩后街的一个大院，说要引荐一位朋友给我认识，并帮他设计一些东西。进入大院，一栋民国风格的双层建筑映入眼帘，大门上方悬挂着一块"京师大学堂"牌匾，让人印象深刻。

走进大学堂内部，第一眼看到的是一面文化墙，上面有一行醒目的大标题——"思维导图大学堂"。一路看下去，都是与思维导图相关的资料。思维导图这个概念对我来说并不陌生，上学时就听老师讲过，但是"思维导图大学堂"与我所了解的思维导图之间到底有什么关系呢？直至见到"中国大脑先生"董海韬先生，听他讲述了大学堂和思维导图的故事，才解开了我心中的谜团。

原来，思维导图是董海韬先生于 2003 年从英国引进中国的，当时他除了引进东尼·博赞的思维导图系列丛书版权，还把"世界脑力锦标赛"引进了中国，并于 2005 年在上海举办了首届中国脑力锦标赛。本次比赛诞生了中国第一批脑力选手，他们参加了在巴林举办的世界脑力锦标赛，并由此培养了中国第一批"世界记忆大师"。风靡全国的"最强大脑"节目，其中一部分选手就来自中国脑力锦标赛前几届选拔出来的"世界记忆大师"。

后来我就参与了"思维导图大学堂"的工作，这次经历不仅让我更加全面地了解了思维导图，同时也让我有幸成为董海韬先生的学生。他对我言传身教，我的很多思维导图经验都是他培养的。

我的思维导图钻研之路

2008 年年底，我正式加入了"思维导图大学堂"，主要负责与思维导图相关的策划宣传工作。工作期间，我更加系统地了解了思维导图在中国发展的历史。2009 年年初，"思维导图大学堂"开启了"思维导图万人公益演讲"项目，我也有幸参与其中，并结识了一批来自全国各地的思维导图爱好者、学习者和践行者。这些来自五湖四海的学员们，主要是教育从业者、职场人士、家庭主妇、在校学生等。通过在课堂上听他们分享学习体会，我更加全面、深入地了解了思维导图这个工具在各行业、各领域所发挥的不同作用，从而更强烈地激发了我对思维导图的研究兴趣。

仅靠在课堂上听老师的讲解和同学的分享，已经满足不了我的求知欲。于是，我搜索国内网站，希望了解更多关于思维导图的知识。当我在搜索框里输入"思维导图"时，我发现呈现出来的相关素材、文献并不是很多。不过，在浏览过程中，我发现有少部分内容来自新加坡和中国台湾地区。通过这些资料，我了解到思维导图在海外还有一个名称，叫"心智图"。接着我又尝试扩大搜索范围，期待能查阅到更多有价值的内容。于是我开始搜索思维导图的英文名称"Mind Map"，并尝试进入国外网站查找。令我惊喜的是，两千多万条关于思维导图的内容呈现在我眼前！我感觉自己挖到了一个思维导图的大宝藏。从那以后，每天工作之余，我都孜孜不倦地查阅国外关于思维导图的相关文献、模板等宝贵资料，并将其收藏起来。突然某一天，我萌发了一个念头：为什么不把这些素材和模板汇总在一起，分享给国内的思维导图爱好者呢？

于是，我迅速成立了中国首个思维导图学习社区（线上），把我收藏的一些国内外优秀的思维导图文献和思维导图模板分享出来，供大家一起学习交流。社区上线不到一个月，注册会员就超过了 1 万人。社区运营半年之后，注册会员达到了 5 万人，最高日活跃点击量在 10 万次以上。当时在百度首页搜索"思维导图"，思维导图学习社区排在第 1 位，并被百度标注为思维导图"官网"。截至 2013 年，思维导图学习社区注册会员已超过 60 万人。

通过建立、运营思维导图学习社区，我不仅收获了更多的思维导图知识，还结识了来自世界各地的思维导图行业学习者及爱好者。在思维导图学习社区的后台，我了解到会员大部分来自全国各地的学校及培训机构的负责人或老师，以及职场白领、中高层管理者，还有一部分是律师、会计、医生等。他们将思维导图与自己熟悉的领域和专业进行了结合，但由于在思维导图的使用和绘制上没有统一标准，使得他们在学习和使用思维导图的过程中遇到了困难。随着问题和需求越来越多，他们迫切地希望平台能够提供更多关于思维导图的课程及专业的学习培训。

了解到这些需求后，2014年年初，我有幸邀请到香港资深思维导图专家连瑞庭博士作为讲师，在北京开启了首期"思维导图管理师认证班"，成功培训了25名思维导图管理师。同年，我和团队共赴英国牛津，正式跟随思维导图创始人东尼·博赞系统地学习思维导图，成为他在中国大陆的第一批思维导图学生。

从英国回来后，我们成立了派思维教育机构，组建了一支更加专业的思维导图讲师团队，正式开启了思维导图管理师认证的全国巡讲培训课。2014—2016年，这支讲师团队在北京、上海、广州、深圳、杭州、西安、成都、长沙、大连、青岛、昆明、厦门、武汉、重庆等多个城市，成功举办了数十期思维导图课程、创新力管理课程，培养了3 000多名学员，成为目前国内开办思维导图相关课程及培养学员最多的机构。

在此基础上，我想，如果能够孵化出一大批优秀的思维导图专业讲师团队，思维导图在中国的传播速度将大大加快。于是，2016年，我邀请东尼·博赞来到中国，在北京开启了首届全球思维导图注册讲师授权认证班，成功认证了来自中国大陆、香港、台湾地区及新加坡的127名全球思维导图注册讲师，真正开启了中国思维导图行业发展的新纪元，使思维导图在中国大陆真正风靡起来。

专研思维导图青少儿全脑智能教育

2016年，我再次从英国学习回来后，开始思考和调研：在中国，除了成人学习认证思维导图讲师课程，是否有关于青少年思维导图的课程和内容？然而，在网上搜索后，我并没有找到多少关于青少年思维导图的系统性学习内容。

于是，我开始尝试将思维导图与青少年思维潜能开发相结合。2016 年 7 月，我开始编写我国第一套专门针对儿童学习思维导图的基础性丛书——《儿童思维导图》。这套书出版不到一个月，就受到了广大读者的喜爱。2017 年，我发现小学生在国学典籍背诵方面的需求很大，于是开始研究如何将儿童思维导图与对国学的理解和记忆相结合，继而编写出版了《思维导图学古诗词》和《思维导图学唐诗》两本图书。图书出版以后，也获得了不错的市场反响，并引发了一波同类图书的跟风潮。

随着研究的深入，我越来越发现，思维导图对小学生的思维潜能开发有着显著作用。小学阶段是形象思维转向抽象思维的关键时期。近年来，我国小学、初中、高中各类考试中频频出现应用思维导图的试题。2018 年，我成立了中国首家专注青少年思维导图教育的学习中心，以思维导图可视化学习工具为主导，帮助开发青少年全脑思维的综合能力，并尝试把思维导图应用到青少年相关的科学领域。

2018 年 7 月，我跟随董海韬先生去了美国匹兹堡的卡耐基梅隆大学，参观了该大学的人工智能科研项目，了解到思维导图与人工智能有很多交叉重叠的地方。在此期间，董海韬先生借助美国高校的人工智能应用场景和案例，继续对我言传身教，使我脑洞大开，并对大脑和思维有了更深刻的认知与理解。

2019 年，我回到中国，受聘为深圳职业技术学院商务外语学院思维导图校外专家，开始了将思维导图与职业教育相结合的教学研究。同年，我对思维导图与青少年 STEAM 教育相结合、思维导图与人工智能和 STEAM 教育相结合的研究也陆续展开。同年年底，我受邀参加了 2019 年粤港澳青少年创新观摩赛，担任粤港澳青少年创新挑战赛的评委，这为我在思维导图青少年相关领域的教研提供了更宽阔的平台。

2020 年，我和阿里巴巴集团原资深总监曾洪雷先生联合创建了教育新品牌——海贝思维，打造了全国首家"思维导图＋人工智能"相结合的 OMO 在线教育平台，利用人工智能打破老师和学生在课堂、课后交互数据的壁垒，实现线上线下教育融合，全链条收集、记录、分析、跟踪学习数据，建立思维导图知识库，致力于用科技为学习提速增效，同时解决学校和机构对思维导图专业老师的过度依赖问题。不到半年时间，我和团队以思维导图等可视化思维学习工具为载体，开发了涵盖 5 ～ 12 岁年龄段的思维导图系列素质能力双师 AI 课程，助力 K12 阶段儿童快速获得思维能力的成长。

回望过去十多年，我一直致力于思维导图纵向的学习与研究。在接下来的时间，我希望能够投入更多的精力，横向研究思维导图的实际应用，为大家奉献思维导图在职场、高校、家庭教育、青少儿创新思维领域的全新成果。

陈星云

2021 年 3 月•北京

反侵权盗版声明

电子工业出版社依法对本作品享有专有出版权。任何未经权利人书面许可，复制、销售或通过信息网络传播本作品的行为；歪曲、篡改、剽窃本作品的行为，均违反《中华人民共和国著作权法》，其行为人应承担相应的民事责任和行政责任，构成犯罪的，将被依法追究刑事责任。

为了维护市场秩序，保护权利人的合法权益，我社将依法查处和打击侵权盗版的单位和个人。欢迎社会各界人士积极举报侵权盗版行为，本社将奖励举报有功人员，并保证举报人的信息不被泄露。

举报电话：（010）88254396；（010）88258888

传　　真：（010）88254397

E-mail：　dbqq@phei.com.cn

通信地址：北京市万寿路 173 信箱

　　　　　电子工业出版社总编办公室

邮　　编：100036